こころを動かす言葉

加賀美幸子

幻冬舎文庫

こころを動かす言葉

目次

言葉力〜言葉を支える背景

魅力ある話し方は息にあり　12
言葉を乗せる「声」　19
少数派には少数派の言葉がある　22
気になる言葉　27
良い塩梅の言葉　33
さわやかに、敬語を！　36
めぐる季節の喜びの言葉　39
ふるさと・山河の言葉　42
何より自然であること　48
あるがままに　53
見えない、聞こえないところに思いを　58

仕事力〜仕事を生かすもダメにするも自分次第

どんな仕事も宝に　64
一番好きなことを仕事にできなくとも　69
歯車としてピカリと　72
誤解、曲解も楽しむ　76
家庭と仕事は相乗作用　79
通勤時間を旅する　83
自分の北極点を　86
基礎の力はプロの力　90
本当に夢は持てないのだろうか　93
グレイという熱い生き方　96
語らない部分、描かない部分がある方がいい　100
眠りを誘う名人芸　103
『小さな旅』の出会い　106
家族は旅に　111

何々っぽい人、ぽくない人　117
続けられることの幸せ　121

読心力〜人生を読む　人間を読む

「読む」は人生の宝　130
千年が知らせてくれる今　134
メッセージの根源にあるもの　139
どこまで読み込めるか　145
自分探しの『論語』　149
読む、聞く、話す　154

聴心力〜すべてのものがメッセージを発信している

天才も凡才も　158
過ぎて虚しく、足りなくてもどかしい　161
石の声が聞こえる　164

詩人の声を聞く　169
心に届く声　175
一度失くしたら、元に戻らない　178
生き方の鍵を聴きとる　182
「聞き上手」と「ゆとり」の関係　190
聞き上手は強い生き方に繫がる　194

人間力〜宝物はそれぞれの生き方の中に

努力できることが有り難い　200
我慢好きの我が意を得たり　208
捨てて得たものの大きさ　212
素晴らしき自由時間　216
六十七歳の大学生　220
美人の中の美人　223
勿体ない、い、い、が人気の秘密　227

エネルギーの原点 230
引いて見るもう一人の自分 234
努力できることも才能の一つ 241
ボランティアは生き方 245
大いなるものに身を任せて 248
風のある人 251

あとがき 254
文庫版あとがき 256

言葉力～言葉を支える背景

魅力ある話し方は息にあり

語尾がものをいう

語尾伸ばしの話し方が、若い人たちの間で、特に目立っている。「そしてぇー、私がぁー、彼にぃー、言ったらぁー……」。仲間がみなそうだから、自然にそうしているという人。確認しながら、考えながら話せるのでその方が楽だという人。聞いてみれば今の時代、必然の成り行きだと胸を張る若者たちが多い。

そういえば、私たちの幼いころにも、語尾に「ね、さ、よ」をつける話し方が蔓延《まんえん》し、その事を憂う大人たちの声が、一時期、日本中を駆けめぐったことを記憶している。「それでね、それでさ、それでよ」……語尾に言葉を入れないと落ちついて話せなくなってしまった子どもたち、若者たち。

「ねさよ人形」を作り、校庭でみんなで焼き捨てたという学校の話も当時聞いた。

語尾を伸ばしたり言葉を入れたりしながら、相手や自分を確認したり、その間に次の言葉を考えたり、仲間意識を高めたり、それなりの理由があるのだが、……繰り返しのパターンが耳につき、自然の言葉の流れを壊し、成熟しない言語として、多くの大人たちをいらいらさせているのである。

いずれ本人が気づけば、その幼児性から抜け出すことは出来るはずだが、若者を引き込《こ》む「語尾」には何だか大きな「鍵」がある様《よう》に思えてならない。

言葉の世界は広く深く、その一つを捉《とら》えても、捉えたことにはならないが、話し言葉の魅力の根幹に「息づかい」があることは確かである。

「生きていること」は呼吸をしていること、息をしていること。「いき」は「いきる」と同じ語源に違いない。

それだけに「息づかい」にはその人の生きている様子がすべて見えてしまう様な気がする。その息づかいの微妙な差が言葉の語尾には現れやすいのだ。

言葉の終わりをどう自然に収めるか。内容と心を乗せた「言葉というもの」をどう説得力を持ちながら、さり気なく収められるか。……魅力ある話し方の秘密の一つが語尾の収め方、語尾の扱いにある様な気がする。

「お伝えします、なになにです」など、「ま」や「で」にアクセントを置いて、語尾をすくい上げるようにする話し方が、プロの間でも増えて気になるが、生理的にも内容的にも深い息づかいで、語尾を上げたり強めたりしなくても鮮明に確かな表現が出来る様にと願うものである。

息を合わせる

しばしも休まず槌《つち》打つ響き
飛び散る火花よはしる湯玉《ゆだま》
ふいごの風さえ息をもつがず
仕事に精出す村の鍛冶屋

……昔の子どもだったら誰でも口をついて出てきた歌。今の子どもたちからは消えてしまった歌。私たちの子ども時代も鍛冶屋さんの「とんてんかん」の音が、村に町に響いていたわけでは決してない。

でもこの歌を歌ったり聞いたりする度《たび》、昔の人々の仕事の様子や、その音が聞こえる村の様子を思い描くことができた。暮らしの歴史が自然に伝わり、古くさいどころか新鮮な響きを持つ歌として忘れられない。

でも、今や鍛冶屋さんはほとんどなく、子どもたちにはなじみのない判《わか》らない世界の仕事となり、従って歌の言葉も実在性のない古ぼけたもの……という総括がなされ、小学唱歌から姿を消してしまったのがなんとも寂しい。

さらに、今は職人の仕事が少なくなり、プロの手仕事が大事にされなくなり、その厳しさと見事さに触れることのない子どもたちが、何だかかわいそうに思えてならないのだ。

考えてみれば私たちの日常使う言葉の中には、昔からの職人言葉がずいぶん生きている。庭師がする大事な根の扱い「根回し」、刷り師の目印《めじるし》「見当をつける」……等々挙《あ》げればきりがないが、鍛冶屋さんの言葉も私たちの暮らしの中に定着している。

「鉄は熱いうちに打て」をはじめ、打ち方が良《よ》くないと「なまくら」になってしまったり、鍛冶職人同士の息が合わないと「とんてんかん」という槌を打つ音が「とんちんかん」となってしまうのだそうだ。私自身もしばしば「とんちんかん」なことをやっているが、もとは鍛冶屋さんの仕事から出た言葉だそうだ。

前に、息づかいこそ言葉の魅力の根幹だと、アナウンサーという仕事の実感から申し上げたが、息が合わなくて「とんちんかん」になることは、仕事でも日常でも辛《つら》いことである。

息づかいは自分自身のことだが、息を合わせるには「相手」がある。「えいやっ！」とうまく息が合えば重い物だって動かせるし、「あの人とは何だか息が合うな」と感じた時のうれしさも格別だ。……我々の仕事もマイクやスタジオに息を合わせ、出演者、番組のテーマ、内容、スタッフに息を合わせ、朗読の時は作品や作者に息を合わせ……でも息が合うためには対象が何であろうと、相手の心を読めなくては合わせることは難しい。

「息を合わせられるかどうか」

仕事でもふだんの生活でも問われるところではないだろうか。

「お元気ですか?」より「お元気ですね!」

久しぶりに人と出会う時も、職場で日常的に人とすれ違う時も、私は「お元気ですか?」という挨拶より「お元気ですね!」と言いたいのである。

「か」と「ね」だけの違い、それに、たかが軽い挨拶のこと、「そんなに気にしなくてもいいんじゃない?」と人は言うかもしれない。しかし「か」と「ね」の差は大変大きい様な気がする。

元気そうに見えない人に対しても、私は「お元気そうですね」と言いたくなる。それは嘘でもお世辞でもなく、よく見ると、必ずどの人もどこかに元気さを覗《のぞ》かせているし、元気になりたいという強い気持ちを滲《にじ》ませているのが判るからである。

そしてほとんどの場合「お元気そうですね」と挨拶すると、「元気に見えますか？　そうですか。そうですか！」とみるみる顔つきが明るく元気そうになってくるのが私には嬉《うれ》しい。

また、「本当は元気じゃないんだけど、元気に見える？　嬉しいなあ」と足音高く立ち去って行く姿を見送りながら、何だか私まで元気になっていくのを、しばしば実感するのである。

子どもたちにも「元気？」と質問するより「元気そうだね！」と声をかける。顔の輝きが違う。お年寄りにも「お元気そうですね」と挨拶する。にこにこ顔がなお綻《ほころ》ぶ。

私自身、落ち込んだり元気が出ない時、「……元気ですか？」と挨拶されると、「ああ、やはり私は元気そうに見えないんだ。駄目だな」とよけい暗くなってしまう。

でも何かの拍子に、そんな時、「元気そうね。お元気ですね！」と声をかけられたりすると、何だか嬉しくなって、足取りも軽く、快方に向かったりする経験をずいぶんしてきた。

言葉には人を癒《いや》す力がある。「元気か。元気出せよ」という励ましの直接表現も嬉しいが、どこか突き放す語感があって寂しい時がある。

でも「元気そうね」という言葉には「元気そうに見える。だから大丈夫！」という救いの語感がある様な気がしてならない。

……「か」と「ね」だけであるが、人の心への響き方は大きく違ってくるのではないだろうか。だからどんな小さな言葉も大事にしたい。

心を満たすのも、寂しくするのも、言葉次第であることを、古今東西の人間の歴史が、様々な形で知らせ続けてくれている。

大げさで押しつけがましい思いやりの言葉はいたたまれない。たとえ少なくても、相手の心に沿って思いを込めた、過ぎず足りなくもない言葉を使いたいといつも思うのである。

言葉を乗せる「声」

声だけは年をとらない

つい最近、「若く見える術《すべ》」というテーマで取材をしているベテランの女性記者から「声も年をとるそうですね」と質問された。

ところが、私自身その実感は全くなく、さらに、多くの人々との、言葉を通しての様々な出会いの中で、逆に「声だけは年をとらない」という確信が深まるばかりなのである。「でも、年をとれば体の器官は弱くなり、背中は曲がり、したがって声も弱々しくなるのが普通でしょう？」と質問は続く。

しかし何らかの病《やまい》で病床にある方は別として、スタジオで出会う、各界で経験を積み重ねた中高年の人々、また、長い間担当してきた『小さな旅』という番組で出会った多くのお年寄り……町や村、山や畑、海や川でごく普通に静かに、でも生き生きと人生を暮らす人々の

「言葉ぶりと声の力強さ」は、線の細いまだ未熟の若者の声とは比較にならないほど、強く、確かで、深く、厚く、優しく、初々《ういうい》しく、若々しく、魅力的な良《よ》い声なのである。

番組の中でも、若者や子どもが登場すると、それだけで画面が生き生きとしてくるし、そのエネルギーは表面から溢《あふ》れだして惹《ひ》きつけられるのだが、彼らは、その土地の心や暮らしは語れない。大きな声を持っていても、言わずもがなではあるが、経験と内容と生きてきた実感が乏しいため、声は弱々しく控えめに語らざるをえない。語るものが無ければ、言葉が薄ければ、それを乗せる声が小さく弱々しくなるのは、当然の成り行きである。

我が身を振り返っても、その通りなのである。例えば、インタビューや司会などよりもその人間の技量や内容がそのまま出てしまうという点でプロとしては怖い「ナレーション」や「朗読」の仕事も、年を重ねるに従って、段々我が声が出る様になり、昔だったら不本意な表現しかできなかった難しい所も、楽々乗り越えられる様になったのが嬉しいのである。経験論や技術論だけで言うのでなく、実際、声そのものが厚くたっぷりと幅が出てきた様な気がする。

声には言葉が伴い、言葉には心が伴う

人間の年齢を露《あらわ》に見せる皺《しわ》や白髪やしみは表面的には決して美しいものではない。（勿論《もちろん》我々は、姿形の美醜に関係なく内在する命の美しさをその中に見る精神力も備えているのだが）……しかし声だけは例外だと言いたい。日常の声、暮らしの中の声の場合（体をそのまま使う声楽家や歌手はまた違うのであろうが）精神論や観念論ではなく、実際年を経れば経るほど厚い良い声になる様な気がする。皺やしみに該当するものが声にとっては醜いどころか、「味がある」という意味だけでなく、本当に生理的にも厚く響く良い声の要素になるのである。

さらに、声と言葉との関連がそうさせるのかも知れない。皺やしみは内容を表現するには限界がある。美しいものとして捉えようとしても、人間の美意識からは離れてしまう。しかし美醜に敏感な人間の目に「声」は見えない。感覚で聞き、常に内容で聞く。頭で声は感じるものなのである。内容があればあるほどそれは、嬉しく美しく、心地よく心を満たしてくれる。

声は声だけでは成立しない。言葉が伴い、言葉は常に内容と心が伴う。体を鍛《きた》えることには生物としての限界があっても、内容と心を鍛えることは、生きている限り無限である。けっして大げさな意味ではなく、しっかり年をとっていれば……年をとればとるほど声も生き生きとしてくるのはごく自然のことではないだろうか。

少数派には少数派の言葉がある

たまたまのメッセージ

アメリカ聾者《ろうしゃ》劇団の有名な美人女優フィリッツ・フィーリッヒさんに会ったのは、私が『明日の福祉』という番組を担当していた時のことであった。「国際福祉年」の締めくくりの行事のひとつ、日本がはじめて「世界聾者会議」の開催国となり、世界各地から耳の不自由な人達や関係者が集まり、何日にもわたって発表や交流が行われたが、その時の基調講演者の一人が彼女であった。その堂々たる風情《ふぜい》と内容もさることながら、講演の後、会場の静かな一室で、番組のためのインタビューをした時のことを私は忘れることができない。

フィリッツ・フィーリッヒさんはまずこう言った。「言葉がないのに、どうして、こんなにも活躍できる女優になれたか？……とあなたは私に聞くのではありませんか？　誰もがそういう質問をします」と。

私は「言葉というものは文章表現や音声表現だけでなく、世の中のあらゆる物事や状況には、すべて言葉・メッセージがあると常日頃から捉え、信じているので、そんな質問はしない」と答えた。

構えていた表情がにこっと崩《くず》れた。「加賀美さん、あなたたちはたまたま耳が聞こえるという多数派。私たちはたまたま耳が聞こえないという少数派。多数派には多数派の言葉があるように、少数派には少数派の言葉がある。磨けば、いずれも、光ってくる」と。

もちろん英語と日本語の手話通訳を交えての複雑な会話ではあったが、多くのメッセージが私の胸に直接届く実感があった。特に「たまたま……」という表現の中に、自然で堂々たる彼女の力強い生き方の根元を見る思いがした。「たまたま……」のメッセージは、誠に新鮮に響き、忘れられない言葉となった。

「人は皆同じ」と思うと、心が柔らかくなる

同じころ、また、素敵な「たまたまのメッセージ」を受けた。羅《ら》せいれいさん。我々が取材した当時は、某国立大学の大学院で心理学を学び研究していた。

他人の手を借りなければ、物を食べることも、排泄をすることもできないほど、重度の障

害を持っている彼女だが、車椅子で広く行動し障害を持つ人々のために、力強い応援を続けていた。

「……人間誰も様々な制約の中にあると思いませんか？　私はたまたま障害を持つという制約の中にあるだけなのです」

そういえば我々は……時間の制約、金銭の制約、才能の制約、生活空間の制約、人間関係の制約……ありとあらゆる制約の中にある。彼女はたまたま体の障害という制約の中に生きていると言う。でもそれはあくまで「たまたま」のこと。

壮絶な苦しみと努力の日々であることを彼女は語らない。語らなくとも、それは想像を絶するほどの日常であることを我々は知らなくてはならない。だから余計その言葉に、動かされる。

「たまたま健康に生まれた」「たまたま何かの障害を持って生まれた」「たまたま耳が聞こえないで生まれた」「たまたま耳が聞こえて生まれた」……同じ人間としてあくまで「たまたま」のことなのである。

すべて自然の流れと共にあることの意味、たまたま。

……だからと言ってたまたまの上に胡座《あぐら》をかくのではなく、どんなマイナスの状況もたまたまなのだからと自然に捉え、その上で力を尽くせば、それなりに結実するものがあるし、また時に勇《いさ》み足《あし》になり、傲慢《ごうまん》になる心も、「たまたま……」と思うことで、固く張っていたものがすっと溶けて柔らかになれる幸せを、以来いつも味わい続けているのである。

外国でなく日本に生まれたのもたまたま。そして、たまたま明治、大正、昭和、平成を生きている。たまたま前の時代に生きた人々に比べて、今の方が優れているということもない。「古典」を読むと、人間がいかに変わっていないか思い知らされる。古典を古文の勉強として難しく取り上げるのでなく、日本の文化の高さ深さ厚さをうれしく実感しながら、さらに、人々の感覚や心情を読むと、今と全く同じか、勝るとも劣らないその様子に改めて驚かされ、何とも新鮮な思いに突き動かされ、更《さら》にうれしくなる。

今の方が人間が優れ、文化も進んでいると、肩をそびやかしているけれど、『枕草子』『徒然草』その他様々な古典には、自分や周りの人々と全く変わらない人間が登場し、我々の思い上がりの誤解を知らせてくれるのが何とも楽しい。

遡《さかのぼ》って、例えば孔子が弟子たちに語った言葉を集めた『論語』を読んでも、駄目な私と同じ様な人間が出てきたり、隣の優秀な人が出てきたり、その人間模様は、現代とも全く変わっていない。

改めて考えれば、孔子が生きた時代は、紀元前約五百年。日本で言えば「縄文時代」なのである。その時代の記述は日本にはないが、めらめらと燃えるがごとく力強く形造られた「縄文の火炎土器」の様に、人々は感受性豊かに暮らしていたのではないだろうか。たまたま縄文や弥生《やよい》時代でなく、奈良や平安時代でもなく、鎌倉や江戸時代でもなく、今の時代に生まれ生きている私たち。

どの時代に生まれた人々も、その時代の風の中で、それぞれ懸命に生きてきた。人力から火力、水力、原子力と周りの状況は変化してきたが、個としての人間は少しも変わっていない。どの時代に生まれるかもたまたまのこと。障害を持つ持たないも、たまたまのこと。人は皆同じと思うと、自然に心が柔らかになる様な気がする。

気になる言葉

ゆっくり子どもを育てる気持ちで林を育てる

日本で一番高い所を走る「小海線《こうみせん》」。山梨県の小淵沢と長野県の小諸とを結ぶ、全長七十八・九キロの鉄道である。小淵沢を出た列車は左に八ケ岳を見ながら、甲斐小泉《かいこいずみ》、甲斐大泉《かいおおいずみ》、清里、野辺山と、麓の小さな駅にゆっくりと停まっていく。

野辺山の線路際《ぎわ》に「標高一三七五米地点」と書かれた立て札が見える。でも高地だからといって、決して厳しくはなく、明るい土地柄である。車両もふだんは一両か二両、夏は観光客で賑やかに膨れあがるが、その他の季節は、土地の人たちの生活列車として八ケ岳の麓を静かに走り続ける。

その高原列車の車窓に広がるカラマツ林は、多くの人々を惹《ひ》きつけてきた。特に新緑から紅葉までの清々《すがすが》しく鮮やかな風景を楽しみに訪れる人。撮影する人、描く人。移り住んでしまう人。

私自身もその中の一人なのだが、絵画に背景がある様に、魅力的なカラマツ林の風景の背後には、苗から育てて、ここまでにしてきた土地の人々の息の長い日々があったことを、つい最近になって知ったのである。

小宮山福一さんに会ったのは、早春とはいっても名のみの、まだ雪の残る一九九六年の二月後半のことであった。木々が葉を落とし眠っている間に間伐をするため、小宮山さんは麓の林に入っていた。

伺えば、カラマツを植え続け、四十年以上になるという。昭和二十年、山火事があり、八ケ岳山麓一面、何日も何日も、大きな火の舌で舐《な》め尽くされ、行けども行けども焼け野原になったそうである。裸の土地を、風や水の被害から守るため、林を早く蘇《よみがえ》らせようと、麓の人々は、成長がよく、丈夫で、荒れた所にも育つカラマツを選び、皆で手分けして何年もかけて苗を植え続け、現在の整然とした林を作り上げたのである。

いくら成長が早いとは言っても、林になるには何年もかかる木々のこと、今でもまだ、その作業は静かに黙々と続いているのだ。

「長い年月、大変だと思ったことはありませんか」と尋ねたら、「こういう仕事はもともと厳しいもの。でも、ゆっくり子どもを育てる気持ちでやることなのだから大変だと思うことはない」と、淡々と語ってくださった。

「二十年ぐらいたって、気がついたら、人々に愛される林に育ってくれていた。最近ますます人々を惹きつける景観を作ってくれる様になり、何よりうれしい」と、親の顔を綻《ほころ》ばせた。

カラマツは防風林の役目はあっても建築材としては適していないし、あの落ち葉が困ると言う人もいる。でも、芽吹きの勢い、鮮烈な緑、光り輝く紅葉、季節の喜びを鮮やかに描いて見せてくれるあのすっきりとした真っ直ぐな樹形は、我々を限りなく爽やかに満たしてくれるのだ。

真っ直ぐなものと曲がらざるを得なかったもの

美しい林にするために必要なのは間伐だという。選ばれた木の条件をよくし、真っ直ぐ立派に育つために、光や水の奪い合いがないよう、不良木を間引《まび》いていく。それは常識であり鉄則であるのだが、私はいつも、その言葉にどきっとするのだ。

共倒れにならない様、良い木を生かすため、他を捨てていく。健やかで姿形が良く、人間にとって役に立つ良い木を作るためには、間伐《かんばつ》は、どうしても不可欠の行為。とのことはよく分かっているのだが、でもどきっとするのは私だけであろうか。

手入れのゆき届いた森や林は文化の象徴でもあり、人の手のゆき届かない森や林は暗く恐ろしいものの様に忌み嫌われる。

富士山の麓の樹海がそうだ。人が住めないどころか、入ったら出て来られないこともある。自殺の名所とすら言われて恐れられている。

でも仕事で何回かその青木ケ原の樹海に入っているうちに、恐ろしいどころか、私は、思い思いの樹形が語る、健気《けなげ》さと逞しさに何とも言えない親しさを感じ魅せられる様になったのである。

西暦八六一年、富士山の大噴火で流れ出した熔岩の上に、徐々に植物が芽生え、自ら朽ちては腐葉土《ふようど》を作るという気の遠くなる様な長い年月の繰り返しの営み。それでも今やっと岩の上に数センチの土しかできていない。岩とその薄い土にしがみつく様に、木々は、お互い倒れない様に、種類が違っていようが、根を寄せ合い、枝を絡《から》ませ、抱き合う形でしっかり支え合い生きている。

そして光を求め身を捩《よじ》り、見方によっては踊る様な姿で、またあるものはグロテスクな、お化けの様な形で樹海を作っている。人の手で守られ育てられない分、一本一本がそれは誠に自由で、ユニークで、逞《たくま》しく、自信たっぷりなのが、整然とした木々の様子とはまた違って、何とも素敵で楽しい。

大事に育てられ、幹も真っ直ぐ、枝振りもたっぷりと見事、葉も生き生きと艶《つや》のある木々の姿は、人を惹きつけるが、直接人の役に立たない不良木であろうと、曲がりくねって、一見グロテスクに見える様な木であろうと、一生懸命に生きている木々の姿からは何かを語りかける声が聞こえてきて愛《いと》おしくなる。

怖い言葉

間伐とか不良木という言葉は植物を育てる便宜上の言葉。その言葉は決して人に対して向けられてはならないはずなのに、時々人は、勘違いしてしまうことがあって、その言葉には怖い意味が見え隠れするのを感じるのは私だけであろうか。

「良い木を育てるために不良木を切り倒します」という原稿がかつてどうしても読めなかったことを思い出す。

そのナレーションを内心辛い思いをしながら聞く人がいるかも知れないことを考えるといたたまれなく、無神経な言葉になってはならないと拘《こだ》わった。

サトウハチローの「不良少年の詩」を思い出す。

ぱちんこなんて寂しすぎるんだよ／ぼくは心が弱いんだよ／弱いからつよがりばかりいうんだよ／お母《ふくろ》のことばかり思われてなけるんだよ／爪をかむくせも／さびしがり屋だから　ついたんだよ／人を切ったって嬉しくはないんだよ／悲しみの層を増すばかりなんだよ……／（略）

不良という言葉には淋《さび》しさがある。中には心が傷つきやすい子、体の弱い子もいる。何らかの障害を持っている子もいるかもしれない。だから言葉は大事に使いたい。

言葉は言葉だけで存在するものではなく、心と内容をそのまま乗せて伝えるものなのだから。真っ直ぐなものに憧れ、よしとする美学と同時に曲がらざるを得なかったものも、同じ思いで受け入れ愛おしみたい。

良い塩梅《あんばい》の言葉

ことば美人

美人が今街に溢《あふ》れているのに、ことば美人は何故《なぜ》か少ない。いくら手入れをしても、美人には月日と共に陰が忍び寄ってくるのに、ことば美人は年齢に関係なく、磨けば磨くほど、魅力は永遠に続く。

いわゆる綺麗《きれい》な言葉は無用。美しい声も関係ない。方言でも、訥弁《とつべん》でも、かまわない。言葉は、相手や状況によって、過ぎれば削り、足りなければ補《おぎな》う……それが自然にできるかどうかが決め手ではないだろうか。

敬語一つとっても、尊敬語が多過ぎると、重苦しく真意が見えにくい。足りなくても相手を粗末に扱っている様で気分が悪い。また「……させていただきます」など謙譲語《けんじょうご》ばかりでも美しくない。

最近、敬遠されがちな「敬語」ではあるが、堅苦しく考えず、相手を大切に思う気持ちを伝える便利な道具と考えれば、難しいことがあろうか。大事にされて嬉しくない人はいないはず。相手の言葉や周りの様子に真摯《しんし》に耳を澄ませば、己《おのれ》の言葉の何が多過ぎて、何が足りないか、自然に分かるものである。

過ぎず足りなくもなく、良い塩梅《あんばい》の言葉は、人を心地よくさせ、人々を惹《ひ》きつける。そんな美人に時々会うと人生嬉しくなる。

大きな優しさの中から

人は、何故か、気持ちの良い時、鼻唄《はなうた》を歌い、好きな唄を口ずさむ。私の場合、そんな時必ず口をついて出てくるのが、♪緑のそよ風、いい日だね……♪という歌なのである。「緑」は命の喜びの鼓動を響かせてくれる季節の言葉。

♪緑のそよ風　いい日だね
蝶々もひらひら豆の花
なないろ畑に　妹の

つまみ菜　摘む手がかわいいな♪

……豆の花、なないろ畑、小さな妹……春の畑の喜びの色を「なないろ畑」と表現する清々《すがすが》しさ。そして緑のそよ風がその上を包む様に吹いている風景。メロディーも明るく温かい。NHKラジオの『子どもの時間』で放送され、教科書にも採用された曲なので、覚えていらっしゃる方も多いと思う。

戦後すぐの混乱の時期、子どもたちの歌うこの明るく優しい曲は、傷ついて帰還した兵士たちの心を慰めたと言われている。でも時代を越えて、今も、歌詞やメロディーの何と初々しく新鮮なことか。

日本人の、人や自然に対する優しさは、そのまま正比例で、日本の風土の持つ「大きな優しさ」の中から、育《はぐく》まれてきたものであろう。

「緑のそよ風」や「なないろ畑」がいつまでも続いて欲しいと、渇望しながら、歌うのである。

（『緑のそよ風』作詩・清水かつら、作曲・草川信）

さわやかに、敬語を！

過ぎず不足なく

さわやか――という言葉はもともと秋の季語である。暑すぎもせず寒すぎもせず、ほどよい快さ。敬語もしかり。過ぎれば敬遠され、足りなければ不愉快にもなる。塩梅《あんばい》よく敬語を使いこなしている人は、魅力的だ。なぜなら、敬語はキビキビと合理的であり、優しくまろやかでもあり、古臭いどころか、現代人にぴったりの要素を兼ね備えているからである。

相手を思う気持ちを、様々な言葉を駆使し、だらだらと多くの表現を尽くし伝える代わりに、ひと言ぴたっと丁寧語や尊敬語で締《し》めれば、冗漫にならず短く収まる。しかも、押しつけがましくなく自らを少し低めにして相手に、柔らかに優しく気持ちを伝える謙譲の方法も我々の先人たちは文化として培《つちか》ってきたのだ。

しかしなぜか敬語は難しいと言われる。書店に並ぶ「敬語の使い方」に関する本の多さからもうかがわれるし、日常においても「敬語は難しい、上手《うま》く話せない」という声をしばしば耳にする。誤解が誤解を呼び、さらに敬語を堅苦しいものにしてしまうことの繰り返しは居たたまれない。日本の優しくまろやかな言葉の文化を形骸化《けいがいか》してはなんとももったいない。さらにこの合理的な言葉の世界を、まちがえて、古臭く七面倒くさいものの様な錯覚と誤解に塗りかためることを私は恐れる。

そもそもの誤解は「敬う言葉」という短絡したものの見方から始まるのではないだろうか。「敬う」という言葉が、本質を固くし慇懃《いんぎん》にし、遠ざけてしまうのではないか。封建時代の上下関係が想像され、無意識の拒否反応につながることも否《いな》めない。

自然の響きを大事に

敬語とは——相手を、人間を、大事に思うこと——相手への優しさを表す言葉ではないだろうか。人を大事に思えれば、自然に丁寧になり、いわゆる、尊敬語も謙譲語もどう使えばよいかおのずと見えてくるはずである。初めから文法に頼らないことである。苦し紛れに文法的解釈から敬語を捉えようとしたそのときから、自在でさわやかな敬語から遠のくことは様々な例が痛いほど知らせてくれているはずである。

古典を読むとき、文法で切り刻《きざ》めば切り刻むほど、全体が見えず、生き生きした人々の物語が捉えられないのと同じ様に、文法という形からの解釈は、ますます敬語を遠ざけてしまう。

文法は大事だが、あくまで整理であり確認のためのもの。言葉にはがんじがらめの決まりはないのである。慌てなくてよい。そっと口に出してみよう。相手に対して自分の言葉の様子や響きが不自然ではないか。過ぎていないか。足りなくはないか。自分の言葉を聞く「ゆとりと耳」こそ、何より大事なことではないだろうか。

もともと「丁寧語や尊敬語」は直接表現だから、多すぎと少なすぎに気をつければ難しくはないが、「謙譲の美学」が人々は苦手だという。でも「いたします」「おります」「参ります」「いただきます」などいくつかの謙譲語だけでもしっかり身につけていれば、乗り越えることは容易である。必要最小限の敬語で充分なのだ。

いくら敬語を原則どおり使えても、ぎくしゃくして不自然であったら、それはかえってその心を見透《みす》かされてしまうという怖さもある。言葉は心。優しい気持ちで、自然の響きを大事に、自分の気持ちに沿った敬語を使いたい。秋の様にさわやかに。

めぐる季節の喜びの言葉

自然に寄せる人々の心

一月二月三月……も合理的で悪くはないが、正月（睦月《むつき》）、如月《きさらぎ》、弥生《やよい》、卯月《うづき》、皐月《さつき》、水無月《みなづき》、文月《ふみづき》、葉月《はづき》、長月《ながつき》、神無月《かんなづき》、霜月《しもつき》、師走《しわす》という月の呼び名には、その時々の自然に寄せる人々の心が見えて、古臭いどころか、日本の暮らしの文化が鮮やかに感じられ、新鮮でさえある。農耕民族の我々は、一年の季節の巡《めぐ》りを大事に、一日一日を慈《いつく》しみ暮らしてきた。そのことが、暦の上の言葉にもくっきりと出ていて、真摯《しんし》に生きてきた先祖たちの健気《けなげ》さを改めて知らされる様な気がする。

立春に始まり、雨水《うすい》、啓蟄《けいちつ》、春分、清明《せいめい》、穀雨《こくう》、立夏、小満《しょうまん》、芒種《ぼうしゅ》、夏至《げし》、小暑《しょうしょ》、大暑《たいしょ》、立秋《りっしゅう》、処暑《しょしょ》、白露《はくろ》、秋分、寒露《かんろ》、霜降《そうこう》、立冬《りっとう》、小雪《しょうせつ》、大雪《たいせつ》、冬至《とうじ》、小寒《しょうかん》、大寒《だいかん》は今も親しまれている。「節気《せっき》」は月に二つあって、一年で「二十四節気《にじゅうしせっき》」。その節気の中の立春、立夏、立秋、立冬の前それぞれ十八日間を「土用《どよう》」と称し、土用が明けると、新しい季節が始まるとしている。また、年に六回、雨が多いといわれる時期が「八専《はっせん》」……。かの有名な江戸中期の『農学全書』によれば「農人はつねに暦をみて、土用八専、その他節気のかはりを考へ」とある。

その他、季節の変わり目などの、祝いを行う日「節句（節日）」も楽しい。元旦の膳。正月十五日の粥。三月三日の草餅。五月五日のちまき等々。

雛の節句に供える菱餅《ひしもち》……あのひし形の「白緑紅」の三色の層は、雪が融《と》けて、草が萌《も》えて、花が咲くという季節の喜びの色、それを餅につき込み、子どもの成長と家族の幸せを願ったものだそうだ。餅をつくこともその意味もすでに忘れられ、日本の優しい暮らしの文化が薄れていくのが、何とも寂しくてならない。

三時のおやつは？

仕事が一段落。「ここらでお三時にしようか」、大人の顔もほっと綻《ほころ》ぶ。勉強中の学生、また遊びに耽《ふけ》っている子どもに「おやつにしようか」、とたんに柔らかな表情で相好《そうごう》を崩《くず》す。

三度の食事は生き物の存在に関わる不可欠なものだが、間食は無くともよい。しかし、あれば人を嬉しく幸せにさせる。

「三時のおやつは何にする？」おやつはお八《や》つ。もともと食べ物のことではなく、時刻の名前「八《や》つ時《どき》」のこと。今でいうと、ちょうど二時から四時までの時間。江戸時代も「八つ時」ごろ間食の習慣があったという。「八つだから、ちょっと休んでお茶にしようか」まさにお三時のおやつなのである。

今、我々の一日は二十四時間で仕切られ、ひと時《とき》「一時間」単位で慌ただしく暮らしている。ところが昔は、同じ一日を十二で割り、ひと時は「二時間」単位。その分ゆったり時間も流れていたのではないだろうか。

基本は、太陽が出る時が「明《あ》け六《む》つ」。沈む時が「暮《く》れ六つ」。……夏と冬では日の出、日の入りも違う。季節に合わせ、季節とともに自在に変化する柔らかな時間の中で、人々は午後の「八つ」には畦《あぜ》などでゆっくり休み団欒し、また腰をあげ、暮れるまで一生懸命働き続けたのであろう。

ふるさと・山河の言葉

悠々と「上毛《じょうもう》かるた」

番組の打ち合わせ中、スタッフが「加賀美さん、耶馬渓《やばけい》って知っていますか?」と聞く。「勿論! 〝耶馬渓しのぐ吾妻峡《あがつまきょう》〟といわれるくらいですもの」と「上毛かるた」が口をついて出てくる。「比較の対象になるのだから、日本の代表的な渓谷よ」と余裕で答える。

……そういえば「鶴舞う形の群馬県」から東京の小学校に転校して間もないころ、まだ慣れない教室で小さくなりながら、「新島襄《にいじまじょう》知っている人!」という質問に恐る恐る小声で「平和の使徒《つかい》新島襄」と答えてみたら、転校生に向けられていたそれまでの周りの胡散臭《うさんくさ》い目がふっと和らいだ、嬉しい経験もある。社会科の授業でも救ってもらった。「日本で最初の富岡製糸」「ループで名高い清水トンネル」等々、いずれも上毛かるたの言葉である。

ローカルと思っていた郷土の人物や土地が、光り輝く存在と知った時の喜びは子ども心に誇らしく、異郷にあって不思議な力強い後押《あとお》しを感じさせてくれた。

戦後すぐの昭和二十二年十二月、子どもたちが郷土を知り、郷土を愛する様にと作られた「上毛かるた」。以来、人々の中で育まれ、変わらず生き続けている。故里を知らせる言葉の一つ一つは鮮やかで温かく、今も、縁《ゆかり》の者《もの》たちの中を、上州利根川の様に悠々と流れ続けている。

風の風土

学生時代、気がつくと、ノートの端に「風」という字をいつも書いていた。覗《のぞ》き込んで「また、風？」と友人は声をかけた。そういえば放送局でも、よく「風という言葉が好きですね！」と言われる。

……風を意識したのは何時《いつ》ごろからのことであろうか。時代の風の中を生きる私たち。追い風の時もあり、逆風もある。……風光。風景。風色《かざいろ》。風雅。風流。風味。風聞《ふうぶん》。風刺。風化。風習。風紀。風袋《ふうたい》。風采。風貌。風情《ふぜい》。風格。風の言葉にはどこか風格がある。

雨や雪は目に見えるけれど風は目には映らない。枝が揺れ、葉がそよぎ、髪が靡《なび》き、人が身を縮め、初めて風が見える様な気がする。雨や雪の精神性とは違う、どこかさらっとした自在さがある。

時代の風、人の中の風、山川草木を渡る風……どんな隙間も吹き抜ける変幻自在さ。見えない分、大きさを感じる。風は見えないけれど、気がつかぬ間に人を作っていく。上州は風の土地。いつの間にか人々の内に風の心を忍ばせ、風格を作る。風格は見えないけれど、人は見えない所が勝負のしどころ。

強い空《から》っ風に優しい春風の風土。風色《かざいろ》（風模様）を楽しむ上州の気風《きふう》。万物の春も風に乗ってやって来る。……風の風土が嬉《うれ》しい。

上州の山々

昭和二年、文豪徳冨蘆花《とくとみろか》は上州伊香保で亡くなっている。新派の舞台でも有名な『不如帰《ほととぎす》』や『思出の記』『自然と人生』などが代表作であるが、最近『自然と人生』を読みなおしてあらためて嬉しかったのは、作品の中に上州がたびたび登場することである。

自然を主とし、人間を客《きやく》として書かれた随筆は「この頃の富士の曙《あけぼの》」で始まるが、すぐに、散文詩風の「上州の山々」が目に飛び込む。

「機《はた》の音、製糸の煙、桑の海、其上《そのうえ》に聳《そび》ふる赤城榛名妙義碓氷、遠くて浅間甲斐《かい》秩父の連山、日光足尾《あしお》の連山、越後境の連山（略）根は地に、頭《かしら》は天に、堂々と立っている」と書き出し、此等《これら》の山々が常に泰然として頭《かしら》を擡《もた》げている様子に、「心、挺然《ていぜん》として無窮《むきゅう》に向かふ偉大な人物は、実に斯《か》くの如くあるであらふ。自分は上州に行く毎に、山が斯《か》く囁《ささや》く様に覚《おぼ》ふるのである」と短く描ききっているのである。

その山々に抱かれて遠く旅立った蘆花の思いに重ねて『自然と人生』を読むと、一見難しそうな美文の、奥の心が見えてきて、優しく思えてくるのが不思議だ。そして、声に出してみると、その響きとともに風景が迫ってきて、ぐいぐい引き込まれてしまうのである。

「じゃんけん、しょん」？

「じゃんけんぽん」「じゃんけんぽい」「ちっけった」、土地によっては「じゃいけん」とか「りゃんけん」とも言うそうだ。私は最近、何故か「じゃんけんしょん」と言いそうになる。群馬での子ども時代、住んでいた地域の遊び仲間は「ぽん」ではなく「しょん」と拳《けん》を出していた。東京の小学校に転校した時、弾《はじ》けるような「じゃんけんぽん」という威勢の良いかけ声に驚き、気づかれない様に、さりげなく「しょん」を呑み込んでしまった。

以来、じゃんけんは「ぽん」とやってきたが、「しょん」と言う所が他にあるか周りに聞いてみた。ところが「しょんなんて言わない」と誰もが言う。心配になって、当時仲良く遊んだ同年代の従兄弟や友だちに慌てて電話をしてみたら「じゃんけんしょん」と答えてくれたので、ほっとした。同じ群馬でも年代や地域によって違うのであろうが、「しょん」だったか「しょ」に近かったか、はっきりはしない。

しかし元気が良く発散型の「ぽん」という響きと、静かでおとなしい響きの「しょん」との違いを、転校生の心は、聞き分けていた。そして、一緒《いっしょ》の「しょ」に通じる様な、優しい調子の掛け声は、当時の内気で素朴《そぼく》な疎開先の仲間たちに重なって、今、いよいよ懐かしい。

自然に自然に

今は、誰もいつも小綺麗にしているので、衣服を見ただけでは新しいのか古いのか判らない。広くあまねく日本がそうなったのは、そんな昔のことではない。

子どものころ、祝い事や、何か特別な日には、普段着を脱いで、皆、それなりの一張羅《いっちょうら》を身につけた。それ以外の時、新しい服などを着て学校に行くと、すぐ目立って、友だちに「お初《はつ》っ!」と叩かれる。私は嬉しいどころかそれが恥ずかしく居たたまれなく、「違う、前にも着たことある」と必死で弁解するのであった。

周りの自然な空気を壊すのは後ろめたく、目立つことを喜べなかった幼き日々。実は、放送局に入ってからも、それは変わらなかった。

目立つことは恥ずかしく、全く目立たないことで逆に目立つのはまた情けなく、過ぎても足りなくても落ちつかず、いつもどんな場合でも、どう自然であるかをすべての中心において仕事をしてきた。

頑固に通してきた道。でも悔いはない。辰年生まれ。その激しさも無いとは言えない。蠢《うごめ》く龍の心もある。でも飛び上がったり、舞い上がったりすることは馴染《なじ》まない。いつも牛の様にゆっくりゆっくり歩き続けてきた。

周りを見て、自分を見て、自然の空気に息を合わせやってきた。多分、その癖は幼いころ暮らした上州の自然の中で自然に養われたものである様な気がする。

何より自然であること

ゆとり探しの仕事道

「過ぎてむなしく、足りなくてもどかしい……」すべてのことがそうである様に、言葉も過ぎれば見苦しく、足りなければ意味を成さず、それだけに、快く自然に説得力のある話ができる人は魅力である。

……そうは思っても、なかなかできないのが世の常、過ぎて敬遠され、足りなくて誤解を生じ、言葉は本当に難しい。

言葉と共に日々暮らしている我々、空気の様にわが身に溶け込んでいるはずの言葉に、しばしばしっぺ返しをされ、思い知らされることを誰もが経験しているはずである。そんなことないと言う人は、よほど無神経であるか、周りの多くの人々を不快にしているかもしれないことに気づくべきではないであろうか。

人間はもともと自然の一部であるから、意識するにしろ、しないにしろ、自然さを好み、不自然なものや事には拒否反応を示す性質を、すでに細胞の中に備えている様な気がしてならない。言葉に対しても、人は、自然でしかもそこから滲《にじ》む説得力のある言葉には、好感を持って心を寄せ、気持ちよく耳を傾けるのではないだろうか。

私自身、言葉を意識する仕事道を長く旅してきたが、どんなテーマ、どんな内容、どんな出演者にも、どう限りなく自然に対せるか、そしてアナウンサーとしてどう自然に表現できるか、そのことばかり考えてきたような気がする。

表現者としてだけでなく、日常の言葉でも、おしゃれでも振る舞いでも、いえいえ生き方そのものも、自然さを求める旅を続けてきた様な気がする。

自然さは、自然そのものではない。ブレーキもかけずただそのままを提示すればよいものでもない。言いたい放題、あるがままでもない。求めれば求めるほど自然さは手にしがたく、求めなければさらに自然さから遠のき、不躾《ぶしつ》けで傍若無人な様相を呈してくる。

自然さ、自然的、それは人の深い心の作用があって初めて、自ずと滲み出してくるものなのであろうか。自らにゆとりがないと、自然さとは何かは見えないし摑《つか》めない。私の「自然さ探しの旅」は「ゆとり探しの旅」にもなった。さまざまな機会、多くの人々との出会いの中で、いつもその奥から聞こえてきたのが、「ゆとり」のメッセージであったからだ。相変わらず多くの番組を担当しているが、どんな内容やテーマであれ、探って探って見えてくるのは、「ゆとりをもって生きること」のメッセージなのである。

これもゆとり？

「自然探し、ゆとり探し」が放送という表の仕事の陰で私を大きく支えてくれた。先日ちょっと変わったこんな「ゆとり」のメッセージを聞いた。映画監督の大林宣彦氏に出演していただいたときのことである。放送終了後のゆったりとした時間、世間話で、監督は自ら経験された「ヨーロッパの貴族の優雅さ」について語ってくださった。

それは、言葉といい、立ち居振る舞いといい、本当の貴族たちは、真似のできないほど、優雅であり、ゆとりがあり、自然であり……何代もかけて細胞の中に組み込まれた、その捉えがたいほどの歴史の蓄積は、俳優が習って付け焼き刃でできる様なものではないと。

同じ人間でありながら我々には全く関係のない貴族の存在と暮らしであるが、それが良いとか、悪いとかではなく、私は思いもよらない人々を例に、自然さの一つのメッセージを聞いた様な気がした。その優雅さとは何か、大林さんに伺った。

彼らの基本、人間としてのエチケットは、限りなく自然であることなのだそうだ。人に対する振る舞いも言葉も、周りの空気を壊さない様に、大事に、あくまでも自然に。例えば机の上の器に対しても、足元の床に対しても、人に対するのと同じ様に優しく自然に振る舞う。……荒くガチャガチャ扱うのではなく、どんどん踏みならして不協和音をたてるのでなく、大事に優しくあくまでも自然に、優雅に。

がさつな日常を送っている私などには、優雅という言葉は、使うには照れくさく気恥ずかしい言葉ではあるが、本当の優雅さとは、他を思うゆとりの心を持ち、バランスを見ながらすべてを大事にする行為であり、慇懃《いんぎん》さや堅苦しさ古めかしさで遠いものとして捉えるのではなく、日常の中でこそ、生かすべきことなのかもしれない。

貴族そのものの存在はともかく、庶民と違う歴史の中に暮らしてきた貴族たちの究極の在り方が、特別な立ち居振る舞いではなく、あくまで自然に、自然的に、ということであったと知り、目的は違っても、現れ方は違っても、人間の求める美学は、やはり古今東西、自然さなのかと改めて新鮮な思いがした。

究極の美を求める貴族たちに代々受け継がれたゆとりの暮らしは、ヨーロッパの音楽、絵画、建築など多くの文化を育んできたのである。

いつも、ささやかな日々の暮らしを続ける我々庶民の、苦しくも爽やかなゆとりのメッセージばかりを私は求めてきたが、関係ない様なかけ離れた人々の生活も、覗けばどこか繋がる人間の糸が見えて、何事か手応えを感じたひとときであった。

物理的なゆとりはともかく、優雅さの基本は、人にも、周りのすべての事々にも、優しい気持ちで対すること。押しつけがましくなく、自然のバランスの中に身を置くということ。そして全体が見えるゆとりの心。

自然でありたいと言っても、自然がどういうものであるか認識がなければ、言葉だけの呪文の様なものになって何ともむなしい。例えば声一つとっても、大きすぎないか小さすぎないか、話し方が説明的すぎないか、説明不足ではないか、相手の心に届く言葉であるか等々、いつもいつも自分を見つめるゆとりと優しさがないと、ただの自分流を最も自然だと思い込み平然としながら、人々を苦しめる様な存在になりかねない。

……ごく当たり前のことなのに、自然に話せない人が多いのは何故なのであろうか。

あるがままに

言葉は言葉だけで存在しない

「あるがまま」という言葉を胸の深くに取り込んだのは、二十歳を少し過ぎたころであったろうか。卒論のテーマにもしたのだが、それ以前も以後も、私自身の生き方、在り方を思う時、いつも一番近くにあり、確認しては大事にしてきた、言葉以上の言葉といっても言いすぎではない様な気がする。

「あるがまま」との出会いは、高校時代にさかのぼる。英語の教科書に、イギリスの女流作家キャサリン・マンスフィールドの短編『風が吹く』が載っていた。特別惹《ひ》き込まれた覚えはないのだが、何とも自然で透明な作品の味は、何故か忘れられなかった。彼女の小説を流れるものが「あるがまま」であると知ったのは、しばらくたって、卒論で『幸福』『園遊会』『鳩の巣』など他の作品を読みだしてからのことであった。

大きな波瀾《はらん》もない日常の生活を、あるがまま丹念に描きだすことによって「生」の重みを伝える作品は、時にチェーホフと対比されることもあるほどで、イギリスの短編小説の分野に果たした役割は大きいのだが、彼女は結核を病み、三十四歳の若さで亡くなっている。

私自身の青春はいつも静かな風の中にあった。荒々しくない、劇的でもない、ごく自然な風……静かだけれど、澱《よど》んでいてはいけない。大げさでなく、ちょっと変わった色を持ちながら、控えめに、でも独特に、敏感に動く風……。

卒論のテーマを探していた時、キャサリン・マンスフィールドの風が吹いた。英米文学の中でドラマティックな古今の有名作品も好きだが、引き込まれて圧倒されるばかりであった。それより、中にそっと入れてくれ、静かに自由に味わうことができる作品に、何故か、いつも、私はより惹きつけられてきた。作品の声が聞こえる。「あるがまま、読んでもらえれば、それで良い……」と。

しかし、あるがままをとらえ描く作者の筆は深く、あるがままに生きることは、なお力のいることであると、まだ未熟な青春のさなか、思い知らされはしたが、「あるがまま」は、以後私自身をとらえて離さない言葉となった。

難しければ難しいほど大事にし甲斐《がい》がある。「あるがまま」とは何か、どうすれば良いか、自らに重ねたり、離れて見たり、反省したり、確認したり、長い付き合いとなった。

生き方や在り方につながる言葉との出会い。それは、言葉に触発されたものか、私自身がその言葉を待っていたのか。どちらが先とも後ともいえない。

自分を越えた何かに助けられて

青春時代に見つけて、自然に、また意識して、胸の深くに取り込んだ「あるがまま」……。でも今思えば、それ以前も、何より自然であることを、いつもいつも意識していた様な気がする。

「あるがまま」は「自然に」と同義語と私は捉えてもいるが、授業中も、休み時間の友だちとの付き合いの中でも、どの様な場であろうと、自然にそこに存在できることを一番に願っていた。その空気の中で、目立つのもいや、目立たないのもいや。どう自然にいられるか。「普通」ではなく「自然」に……。

その場の「あるがまま」の状況を感じ、捉え、「あるがまま」の自分をその中に置きたい。そして行動したい。よく耳を澄ませ、目を凝《こ》らさないと、不自然になってしまう。それは自分にとって何より恥ずかしいことであった。目立つことをしないで、なお、きちんと自分らしく存在したい。臆病なのかもしれないと、しばしば反省もしてきた。でも、自然でないことへの恐れは強く、同時に自然であることにこだわる気持ちはさらに強かったのである。昔も今も。

放送の仕事は、古今東西の様々なテーマや内容に及ぶ。従ってアナウンサーの係わり方も多岐にわたっている。生き馬の目を抜く様な放送局にあって、「あるがまま」や「自然」で大丈夫なのかと問われそうだが、少々の遠回りはしたかもしれないが、幸い、立ち往生したり、遅れたり、谷に落ちて這《は》い上がれないこともなく、走り続けている。落ちても、遅れかけても、焦らず、あるがままをじっと見つめていると、道が自然に見えてくる。もがいたり、跳びだしたりしなくとも、大方のことは、無心に耳を澄ませ、目を凝らしているうちに、自然に判ってくる。

番組の中でのどんな難しいテーマも、出演者へのインタビューも、組織の中での自らの在り方も、まずあるがままとらえた後、出来うる限りの努力で臨み、自然にアナウンサーとしての仕事をしていく。思い通りにいかないことも失敗もある。誤解曲解され、一見窮地に陥ることもある。でもそれも、それごとあるがままとらえているうち、人生が見えてきて、自分のこと他人のこと、もろもろ含めて味わうゆとりと静かなエネルギーが満ちてくる。静かに耳を澄ませていると、多くの様々なメッセージが聞こえてくる。

アナウンサーの仕事は、第一に話すことと思われがちだが、私は何よりもまず聞くことだと信じている。内容やテーマ、人の言葉をどこまで聞けるか、聴き取れるか。無心に聞いていると、自然に何が大事か見えてくる。どうすれば良いか知らせてくれる。自分自身のみに固執すると、それどまりだが、自分を越えた何かが助けてくれる。

長い間、それなりに仕事をしてこられたのも、天から授かった大きな才能もないのに一筋の道をひた走ることができたのも、「あるがまま」と真剣に向き合ってきたからかもしれない。大袈裟《げさ》なことでなく、世の中に存在するあらゆることや物からのメッセージに耳を澄ますことの嬉しさ。宇宙の気の遠くなる様な時の流れの中で、せっかく生まれてきたのだから、出来うる限りこれからも、大いなる「あるがまま」を味わい尽くしたい。

見えない、聞こえないところに思いを

私の言葉の旅

限りなく広く、変化に富んだ「言葉」の大地に、意識して立ったのは小学校の高学年のころであった。

五年と六年を担当してくださった先生に、初めて「詩」を書くということを通して、自らの表現方法を開く扉の場所を教えられた様な気がする。それは慎《つつ》ましくも歓喜に満ちた出会いであった。

先生は同じ教室という空間で、同じメッセージを子どもたちに与えるわけだが、たくさんのその「授業という名のメッセージ」の中から、何をどう捉え、どう感じ、自分の中に引き入れていくか、メッセージの受け止め方こそ、その後の人生にもかかわる、その人間そのものの資質なのかもしれない。

私は、たまたま、詩からのメッセージを、心の芯まで引き入れてしまった。何かを伝えたい、自らを表現したいという、漠然とではあるが模索の時期に入っていたころであった。絵でも音楽でも体育でも、勿論勉強でもいいのだが、私が一番惹かれたのが、心を言葉へ託す、「書く」という表現の方法であった。

普段の会話の中では伝え切れない心を文字に表し、先生や友だちに「言葉とその心」を読んで貰《もら》うという、喜びと緊張と不安の入り交じった胸のドキドキする、ときめく様な世界を初めてその時経験したのであった。勉強も嫌いではなく、歌や絵や運動も好きな子どもではあったが、それより、密《ひそ》やかで押しつけがましくない詩の世界、溢れる気持ちを整理し削り、思いの底を探り、言葉を選び構築していく世界、……言葉の深い魅力に取りつかれてしまった。その出会いは深く静かに潜行し、その後の自分の道を決定させてしまうことになった。

思いを整理し、いつも頭の中で文章に置き換える作業をしているうちに、いつの間にか作文が大好きになり、中学時代は学校の雑誌にしばしば取り上げられ、ますます言葉の世界に嵌《は》まり込んでいった。

高校時代は必然の成り行きとして文芸部に籍を置き、詩を投稿していた。『泰山木《たいさんぼく》』という文芸誌に載せた観念的な「渦《うず》」という詩を見た担任の国語の先生は、何か悩みがあるのではないかと心配して、私を呼び出した。

暗中模索の青春の思いを「渦」に重ねただけの心象風景詩であり、私自身は後ろめたいほど心身健康であったのだが、陰のある詩人の仲間に少し入れた様な晴れがましい喜びに突き動かされながら、先生の心配を崩さない様に神妙にしていた姿を今懐かしくも恥ずかしく思い出す。

当時、女性の名だたる受験校にあって、敢《あ》えて詩を読んだり書いたり、独り青春の美学をまさぐっていた私は、その時代の「受験という王道」を歩くことを潔《いさぎよ》しとせず、受験勉強を甘く見、王道から逸《そ》れる一種の文学的快感を選び、それを自らのささやかな反抗心と意味づけていた。

詩をはじめ私の文学的指向は、その様に人生の表になったり裏になったりしながら、いつも、ぴったりと身について、離れることがなかった。

詩を作る作業は、私の話し言葉にも形となって現れた。おしゃべりは好きであったが、喋りすぎは、自ら問われる様な気がして疎《うと》ましく恥ずかしかった。なるべく、言葉を削り少なくし、でも、思いと内容を充分込めて、そしてそれを相手に、そっと、押しつけがましくなく、確かに伝える様な表現をしなくてはならないと自分に言い聞かせていた。

思えば、削りながら何かを膨らませるという作業を、書き言葉であれ、話し言葉であれ、長い間し続けてきた様な気がする。

誰に判ってもらわなくてもいい

周囲を驚愕《きょうがく》させた、私の大学選択のささやかなアバンチュールは、わが受験校からは当時ほとんど誰も入学しない様な学校を敢えて選ぶという、人には説明できない、なんとも幼い文学的反抗でもあった。その反動でその後深い反省に陥り、大学一年の時、「日本文学会」への勧誘を、故小田切進教授（元日本近代文学館館長）より直接受けながら、文学的なものからしばらく離れたいと、言葉を尽くし心を尽くし何日もかけて手紙を書き、お断りしたことを、今、畏《おそ》れ多く、恥ずかしく思い出すのである。

その後、文学離れの反動はしばらく続き、文字表現でなく、もっと直接的で明るい音声表現に切り換え、放送部に入り、ドラマ（放送劇）に大学の四年間を没頭することになった。書くことの方が深いと思い続けていたが、そこで音声表現の魅力の第一歩を実感できたのは幸いであった。

仲間の脚本でドラマを作り、文化祭や全国大学放送連盟のコンクールにも毎回出していたが、声が低く深めの私は常に母親役。でも脇を確実につけて作品を厚くしていく係わり方の快感は、かけがえのないものであった。

そんなある日、仲間の演出監督が、厳しい合評の時、「お母さんの演技は毎回、前日に比べ、翌日は間《ま》と息遣《いきづか》いの微妙なところで、何かしらよく直ったり変わっている」と皆の前で評価してくれた。その言葉は青天の霹靂《へきれき》であった。まさかと内心思った。

私は、演技の内容を自分なりに濃く厚くしては削り、削った思いや内容はその分、間と息遣いに込め、毎日家で稽古し、それが自分の耳にも判らなくなるまで自然になる様、自分のもう一つの耳で聞いては、学校の稽古に通った。誰に判ってもらわなくてもよい。ただ私自身の表現の原点を、自身で大事にしていきたいと思い続けていただけだった。こんなことは仲間には見えないだろうと思いながら。……でもその間と息遣いを指摘され、聞いてもらえたということは、鮮烈な喜びであった。

見えない、聞こえないところに、心と内容を詰めて表現する。それはそのまま、私が表に裏に捉えられてきた詩への思いと全く同じであった。

「音声表現に深く挑戦してみよう」……私は放送局を受験し、言葉の世界にさらに突き進むことになった。小学時代からの言葉の旅は、続きに続き、今もその長い旅の中を探りながら歩いている。

仕事力～仕事を生かすもダメにするも自分次第

どんな仕事も宝に

削ることで自らを提示

ものへの執着があまりにも薄い。お洒落ひとつをとっても、ブランドものに拘泥《こだわ》る人の心理は理解出来なくはないのだが、それで身を飾るなど私にとっては考えの外なのである。なるべく安いもの、ただ自分に似合いさえすればいい。身繕《みづくろ》いを大事にしないのか、というのでは決してない。自分らしいか。それなりに似合っているか。自然か。その場に相応《ふさわ》しいか。そのことへの拘泥りは一際《ひときわ》強く、一歩も譲らない頑固さである。

服飾は自らの主張というあり方を否定する気はさらさらない。感嘆してそのセンスに拍手を送ることもしばしばである。ただ自分に関しては、自らの生き方として、飾るセンスや美学を問われたくはない。逆に、削ることによる自らの提示を試みたいのだ。服装に隠れず、人の目をくらませず、ただ自然に、真っ直ぐ、そのままを問われる事を選び、大切にしているだけなのである。

今に始まったことではない。そういえば少女時代からのそのくせは、歳《とし》を重ねる毎、強く意志的になってきた様な気がする。

食べ物に関しても、所謂《いわゆる》グルメではない。すいとんや芋ご飯、配給の米や砂糖に目を輝かせた時代の子どもだから、豊かに食べられるというだけで、充分幸せになれるという安上がりの日常。グルメ的拘泥りなど全くないのが自慢でもある。

本物グルメがどんな人たちを指すのか、またはどんなに深い世界を持っているのか、私には判らないのだが、所謂《いわゆる》がつくグルメは、所謂がつくブランド指向と同様、私には、何故か近しく思えないのだ。

人を幸せにする「食べ物と味の世界」を、わざわざ遠ざける禁欲主義では勿論ない。味は、作る人のセンスにひたすら掛かっているのだから、心身に美味を満たしてくれる技には、心から敬服する。芸術の域とすら思うこともある。

ただ、飽食の海に漬《つ》かって、幸せ顔をしている自分の姿は、考えるだけで恥ずかしい。食料の乏しかった我々の時代と同じ、いえそれ以上の飢餓に追い込まれている子どもたちを思うと、いつも箸が止まる。

しかし、自然が人間に与えてくれる恵みの範囲内で、精一杯人間の技を駆使し、調理して仕上げたものにめぐり合うと、手放しで嬉しくなる。

どこそこの有名店に揃って足を運ぶより、母の味、その家の味、その店の味、その土地の味、……「自然と、人の技の合作」を嚙みしめることが出来た時、かけがえのない豊かさの実感がある。

「それこそグルメじゃないの？」と言われそうだが……。

ものや事への拘泥りが全く無いといっては嘘になるが、音楽でも、絵画でも、文学でも、スポーツでも、着るものでも、持ち物でも、食べ物でも、人でも、仕事でも、独り占めにしたいほど、のめり込む強い気持ちが人と較《くら》べて私にはどうも少ない様な気がしてならない。良いものに出会って感激することは山の様にあっても、特定なものや事に拘泥って拘泥って後生大事にするということがないのである。

その代わり「どんなことも楽しめる幸せ」と、ゆっくり同居している、と言ってもよいかもしれない。

どう自分が係わるかだけ

アナウンサーとして長い仕事旅を続けてきたが、「あれがしたい。これを担当したい」と声を大に願い出たこともなければ、言ったこともない。

人気番組も視聴率の低い番組も、ありとあらゆる番組を担当してきたが、どれも大事な放送の仕事。大小も優劣もないはず。他人から「あなた、今、気の毒な状況ね」と言われた時もあったが、本人はそうでもないのだ。不本意な仕事を押しつけられたという発想がもともとないのが救いであり、長くやってこられた所以《ゆえん》かもしれない。

仕事の種類や内容も拘泥らない。好き嫌いがない。日があたるあたらないも関係がない。だから仕事に於いて、不遇という実感がない。自分の係わり方で宝にすればよいと思っているから、悲しいとも哀れなこととも思わない。

自らの力を真摯《しんし》に尽くし、楽しんで、徹底的にプロの仕事をしていれば、そして変わらずそれを続けていれば、必ず伝わると信じている。

黙っていても、誰かが必ず、見ていてくれるものである。番組であれば、それは、視聴者かもしれないし、その時の出演者かもしれない。または、身近なスタッフかもしれない。

思い上がりでも遜《へりくだ》りでもない。人事を尽くして天命を待つ。才能も力もない我が身としては、それが唯一の方法なのである。

何がしたい、これでなければ……と拘泥り、事ある毎に、強く言い続けることも、勿論大事かもしれないが、時にそれは虚《むな》しく、いじましく、恥ずかしいではないか。それより、潔《いさぎよ》く、たまたま巡ってきた仕事に向かい、宝にしていく充足感を選んできた。自らの精神や力を試す恵みのチャンスとして。……そして幸いにも、それが近道であったことを何度経験してきたことであろうか。

三十有余年の長い仕事旅は「何の番組を担当するか」ではなく、「どう自分が係わるか」をひたすら大切にしてきた道のりであった。

どんなこと、どんな状況も、係わり方次第という、長旅の経験こそ、人生の何よりの宝物と、今だから言える様な気がする。

一番好きなことを仕事にできなくとも

仕事は誰かの心を動かすもの

殆《ほとん》どの人は、自分の好きな仕事にめぐり合えるわけではない。思い通りにいくことはほんの僅《わず》かである。いつまでも拘泥って夢を求め続けるか、どこかで潔《いさぎよ》く区切りをつけ、今ある状況を自分流に深め広げていくか。それは仕事というより生き方の選択にちがいない。

たまたま好きな仕事を手にすることができたとしても、その後の道は決して平坦ではない。私自身、自らの力不足もさることながら、時に認められない虚しさ、誤解や偏見に晒《さら》されるなど、不本意な状況にもしばしば遭遇した。だからといって嘆いたり恨んだりでは、人間が惨めになる。

謙虚に堂々と胸を張ることにして、今目の前にある仕事を、たとえどんなにささやかなものでも、全身全霊で力を尽くし、誰よりも厚く大きな実にしてみようと、一つ一つ取りかかった。掌《て》ですくう様に一つ一つ……。

不思議なことに、それを密かに無心に積み重ねていると、誰かが、必ず見てくれ気づいてくれるものである。焦らず、力を抜かず、真摯《しんし》に、そしてあくまで自然に。しかし独りよがりであったら意味はない。仕事は自分だけのものではないのだから、必ず誰かの心を動かさなければ成立しない。

実は、書くことが好きだった

また、好きなことを仕事にできるのが幸せとも言い切れない。それは取っておき、二番目またはそれ以下を仕事にした方が賢明とも人は言う。

私も同感なのである。一番を仕事にすると純粋に楽しむことは難しい。挫折や変形も覚悟しなければならない。苦しさにつきまとわれる。だから、好きなことは自由に味わい楽しむ方が幸せかもしれない。それが余裕につながり、生業《なりわい》としての仕事も潤い、上手くいくケースもある。

何をかくそう、私は書くことが何より好きだった。アナウンサーの仕事が実は第一ではなかった。

音声表現の道を突き進みながらも、一方で文字表現、書くことを続け、意識し、片時も離したことがなかった。頭の中は書き言葉でいつも一杯だった。いずれ、いずれと考えていた。自分には書く世界があると思うと、アナウンサーの仕事が上手くいかないときでも何故か余裕ですべて乗り切ることができた。

言葉の捉《とら》え方も表現も生き方も、善《よ》し悪《あ》しは別として多分周りと少し違っていたかもしれない。組織の中の現役として長くアナウンサーの仕事をしてきたが、一番を仕事にしなかったから、ここまでやってこられた様な気もするのである。

歯車としてピカリと

マイペースと歯車としての役割

喧嘩も上手《うま》くはできない。政治的には動きたくない。特別な才能もありはしない……となれば、生き馬の目を抜く様な組織の中では、ただひたすら、今ある仕事を、誰よりも、深く厚く地道に育てつつ、歯車のひとつとして、完璧に回り続けることで、役割を果たさなくてはならない……といつも足元を見ながらやってきた。だって歯車が上手く回らなければ、組織は崩れてしまうのだから。

でも歯車のひとつになるなんてご免だと言う人もいる。人それぞれの考え方なのだから、何の反論もない。もし特別な力があれば、私もそう言うかもしれないが、私には誇るべき力はない。しかも「世の中どんなことも、力を込め、心を込められないものなど無い」と、おめでたくも、謙虚に堂々と信じているので、誠に、人生過ごし易《やす》いのである。

しかし、マイペースで走りながらも、周囲を充分説得させられるほど歯車としての役割は果たさなくてはならない。あくまで仕事の場、組織の中にいるのだから。黙々とストイックに働きながら、出来うる限りの実《じつ》をあげ、職場にそして自らにも何事か益《えき》としなくては……と日々を重ねてここまでやってきた。仕事というものは、誰かが必ず、善くも悪くも、きちんと見ていてくれるものである。私自身、遠回りのつもりであったが、気がつけば、畏《おそ》れ多くも、先回りをしていた様な気もしないではない。

そんな理由で、思えば長い仕事道、いまだかつて仕事のより好みもしたことがない。そうする強さも、弱さもなかったと言えるかもしれない。ありとあらゆる番組を幸いにも経験してきたが、「あの番組この番組を担当したい。これは嫌、苦手、等々」とお願いしたこともない。不遜《ふそん》かもしれないが、仕事の大小、内容やテーマにかかわらずどんな番組でも、真摯《しんし》に楽しみ、アナウンサーとして付加価値をつけながら、大きく作り上げていくことを、我が道としてきた。

不遇の時こそチャンス

ある時期、何をしても認められず、マイナスの歯車に巻き込まれ、不遇が続き、不本意な仕事を担当することもあったが、そんな時こそ頑張りがいがあった。小さな仕事ほど係わり方次第で大きくする楽しみの実感がある。自分が見え、他人が見え、世の中が見えた。今があるのも、その時代を経たからかもしれない。

番組の内容に直接係わらないため、誰もが遠ざけている仕事に「枠づけ」という主にラジオのアナウンスがある。枠とは「〇〇の時間です。今日のテーマは〇〇。ご出演は〇〇さんです。〇〇さんは……」等々というアナウンスのこと。家にとっての門や玄関なのだから、短い中にも腕が問われる、実は怖い仕事でもあるのだ。「ただ読めばいいというものではなく、番組内容に沿い、人々をしっかり誘い、惹《ひ》きつけることができなければ、意味がない」と命をかける気持ちで取り組めば、ディレクターも視聴者も自分も嬉しい。勿論《もちろん》、いちいちそんな心を見せては暑苦しく見苦しい。何気なく、あくまでもさらりと。要は結果次第。枠アナウンスで番組が光ってくれれば本望。歯車の役割はピカリとしたい。人が重きを置かない仕事をどう意義のあるものにし、自らも楽しめるか。仕事は限りなくやり方があるものだ。

実は、先日、黒鉄《くろがね》ヒロシさんにお会いしたが、マンガのアイディアが切れて困ったことなど全くないと伺い、大感激した。人を描くときも、あらゆる見方で楽しむ。親は、兄弟は、給料は、住んでいる環境は、恋人は、学校時代の成績は、何が好きで何が嫌いか……エンドレスで興味は湧き、アイディアは尽きないそうである。

「たとえ面白くないことであっても、何でこんなに面白くないのだろうと面白がってしまう。人生楽しめないことなんてひとつも無い」とおっしゃる。黒鉄さんの言葉に思わず快哉《かいさい》を叫んだ。

誤解、曲解も楽しむ

人は誤解の海の中

誤解を恐れる人がある。誤解されることにひどく神経質な人がいる。「誤解」とは、もともと、本当のことや本来的なものを誤って認識するという意味なのだから、誤って受け取った方が問題なのであって、あくまで誤りなのだと思えば、何でもないのだが、人間なかなかそうはいかないようだ。尊厳が許さない。特に人間性に係わる中身や行動を誤解されれば、何より辛く、寂しく、悔しく、不愉快極まりないことは、誰もが同じはずである。

地団駄踏んで怒ったり、傷ついて落ち込んだり……その結果、誤解を挽回《ばんかい》するために行動するか、我慢《がまん》するか。いずれにしても精神衛生的には決して良くないことを、人間の歴史は飽きずに繰り返し繰り返しやってきた。

日常のささいな誤解から、一生、折に触れてにがにがしく思い出す大誤解まで、我々の周りには「誤解」という言葉が渦巻いている。大小様々な誤解の海の中に人々は浸かっていると言っても良いのかもしれない。でも、それは苦しくもあり、楽しくもあり、不思議でもあり、人を鍛《きた》えるものでもあり……人の世に不思議なドラマを幾つも作り、飽きることのない人間模様を描き出す元にもなっているのが面白い。

最近ある人が「良かれと思ってした行動を、上司に誤解、曲解され、あまりのことに落ち込んでしまった。このままだと仕事にもさしつかえるし、浮かばれないと思い、翌日、その上司の家を訪ね、猛烈に説明と弁解をした。黙っていては、人は決して判ってくれませんよ」と力説した。

誤解は怖くない

実は、私もその同じ人から曲解されたことがあったが私の場合は何もしなかった。我慢でもなく、どちらかといえば「あるがままにしていたい」という性格的なものからではあるが、誤解する人に向かって、懸命に自らを語るのは何とも虚《むな》しい気がするからだ。相手に合わせて口上《こうじょう》するのは本意ではない。悠々と胸を張っていつも通り、真摯《しんし》にしていくしかない。仕事には少々影響したかもしれないが、たいしたことではなかった。だってもともと誤解なのだから！

それで良かったかどうか……判らない。近寄って、胸を叩き、自らをさらけ出すことから、新しい関係が生まれることもある。でもそれをしないでやってきた。言い訳や説明は虚しいし、その都度《つど》、気にしていたら、身がいくつあっても足りはしない。国の存亡《そんぼう》に係わったり、家族や周りに影響したり、命が危機にさらされたり……でなければ、誤解など何の関係もない。だってもともと誤解なのだから。

何をどう誤解されているのか。それさえ判っていれば、余裕で何事にも対することができる。それに、よくものが見える人は、他人を妙に誤解などして傷《いた》めることはしないはず。誤解をして憚《はばか》らない人に振り回されるなど侘《わび》しいではないか！

堂々と胸を張り、ひたすら真摯に仕事をし、生きていれば、怖いことなどないというのが長年の実感である。誤解する人しない人、すべて含めて、人生余裕で味わってしまう方が精神衛生的にも良いのではないだろうか。

家庭と仕事は相乗作用

駄目でも下手でも自分で

ずいぶん長い間、放送という仕事道を歩き続けてきた。「子育て、家事、仕事、大変だったでしょう！」と声をかけてくださる人もあれば、「家の事や育児、他人まかせだったんでしょう？」と懐疑的な人、そこまでは口に出さなくとも「掃除、洗濯、料理、手伝ってもらったんじゃあないの」と控えめに問いただす人もいる。

大変でなかったと言えば嘘になるし、大変だったと言うのも違う。考え方、感じ方次第。物差しは人の数だけあるのだから。

ただ、まがりなりにも、私自身はごく普通の母親としてすべてをやってきたし、中途半端とはいえ家事も人に頼んだこともなかった。でも、ある部分はまかせ、行動の幅を広げ、エネルギーを効率的に使う方法も人によっては大事なことかもしれない。しかし私の場合は、頼めば心苦しく後ろめたく、かえって落ちつかなく疲れてしまう。駄目でも下手《へた》でもすべて自分でこなした方が楽で嬉しい。一日は二十四時間。仕事は家庭の時間に進入してきたが、自分の寝る時間を削ればいい。時には寝なくとも良いと少しも心配はしなかった。

もともと楽天的らしく、育児と家事、多岐にわたる放送の仕事、その他、外部からの依頼も引き受け、その忙しさは激烈を極め、今思えば、どう時間の壁を通り抜けてきたのか不思議でもあり、痛々しくもないわけではないが、それで良かったと感じている。

言わずもがな、苦しさはエネルギーの源であるのかもしれない。辛《つら》さ、大変さ、その他世の殆どすべてに於いて、マイナスと思われる状況こそ、何かを生み出す力となっていることも忘れたくはない。そんな大それた思い込みでなく、一見大変なことも大変だと思わない性格ゆえか、成功も失敗も、恵まれることも窮地に陥ることも、仕事の大小も、好かれることも嫌われることも、誤解されることも「人間誰しも、それぞれ深い胸の奥を持っている以上、誤解し誤解されることなど当たり前。本当のことなど、なかなか判るものではないのだから、悩んだところで仕方がない」と、あるがまま捉えてきた。

先輩の生き方にメッセージを探す

悩んだり落ち込んだりする間《ま》が無かったという言い方もできる。従って家の事も仕事も、その出来に関しては決して胸は張れないが、それで良かったと思っている。満足いくものではないが後悔もしていない。家人も許してくれるだろう。

そんな中、時々、中村メイコさんの言葉が胸を過《よぎ》った。「女優、母親、主婦、どれも大事にしてきた。家事や育児を人に任《まか》せ、仕事に突き進んでいたら、もっと大きなことができたかもしれない。でもこれで良かった」と。

メイコさんは、才能に恵まれ、四歳の子役時代から、常に順風満帆、広く厚く深い、メイコさんならではの世界を造りあげておられ、すでにあまりにも大きな存在ではあるが、あのメイコさんも……と思うと、その幸せそうな生き方に、畏《おそ》れ多くも自らを重ね、なんだかとても近しく、励まされたものであった。その後、美術、俳句、言葉、人生、暮らし、様々なテーマで、時々番組を通して直接お目にかかっているが、何もかも取り込《こ》みながら、ゆとりを漂わせておられる大きさをいつも感じて嬉しくなる。

おこがましくも、私自身について言えば、才能もなく、時間の余裕は皆無であったが、清々《すがすが》しく、一生懸命に生きている人々の言葉や在《あ》り方に無心に耳を澄ませるゆとりはあった。「人間とは、生きるとは」……聞こえてくる様々なメッセージに自らを重ねながらどんなに忙しくとも、気持ちだけはゆっくり仕事道を歩いてきた感がある。

そして家庭と仕事。二つの全く違う世界は、何故か相乗作用で互いをもりたて合い、私に時間の壁を嬉しく乗り越える力を与えてくれたのである。

通勤時間を旅する

渋谷が渋谷村だった頃

振り返ってみれば、一日の大半、言い換えれば人生の殆どの時間を、私自身、放送センターのある「渋谷」で過ごしてきたことに、改めて感慨を覚える。

家庭を持ち、子どもが出来てからは、自宅と渋谷の往復だけで一日、二十四時間は埋めつくされ、仕事と家庭以外の余裕は全くなかったので、渋谷の街に、馴染みの店や場所もなく、ひたすら、渋谷駅と丘の上のNHKとの間を通り抜けるだけの日々を重ねてきた。「忙しさは枯渇《こかつ》につながる」と親しい周りからは心配されたが、私は、点と点を結ぶ線の上を歩く、その、一人だけの空間を存分に味わってきた様な気がする。

渋谷駅を降り、道玄坂を左手に原宿方向に向かう私の通勤の道は、ビルの林の中。……かつては、楢《なら》林や大根畑、茶畑が続く武蔵野の細道であり、田山花袋《かたい》が、丘の上に住む国木田独歩《どっぽ》を訪ねて歩いた道でもある。

独歩は、明治二十九年、渋谷村上渋谷一五四、現在のＮＨＫ放送センターの筋向かいに居を構え、辺りを散策し、『武蔵野』や『欺かざるの記』『わかれ』等に、その様子を書きとどめた。

「吾が身は渋谷村なる閑居にあり。家は人家はなれし処に在り。……わが机の上には樹梢を通じて落ち来る光点々たり。日は強く、秋声野に満つ。浮雲変幻たり。……」

『蒲団』『田舎教師』などで知られる田山花袋は、親しく思う独歩を丘の上に訪ねた時のことを『東京の三十年』の中で記している。

「……向こうに野川のうねうねと田圃の中を流れているのが見え、その此方《こなた》の下流には水車がかかって頻《しき》りに動いているのが見えた。地平線は鮮やかに晴れて、武蔵野に特有の林を持った低い丘がそれからそれへと続いて眺められた。私達は水車の傍の土橋を渡って、茶畑や大根畑に添って歩いた。……」

文学作品の中に武蔵野は今も鮮やかに

独歩が言う「人家はなれし処」に今ＮＨＫがあり、すぐ側《そば》に「独歩住居跡」の碑だけが佇《たたず》んでいる。武蔵野の林に代わってコンクリートの林をとぼとぼ歩きながら、私は、消えてしまった黒土やせせらぎを想像する。

　渋谷はもともと「谷」を表す土地の名。そこに流れ込んでいた渋谷川や宇田川はどのあたりだろう。いたる所にあったという水車はどんなスピードで回っていたのであろう。楢林を過ぎる風の音、鳥の声、林越しに見えた甲州の山々……。「武蔵野」という言葉の、特有の情緒だけを残して、自然は何もかも消え去ってしまったが、文学作品の中に描かれているその姿と心は、いつも鮮やかなままである。

　多くの作家によって渋谷は様々な言葉で書きとどめられている。与謝野《よさの》鉄幹《てっかん》、晶子《あきこ》。志賀直哉。大岡昇平。平林たい子。藤田佳世。その名をあげれば尽きないほどである。出勤の途中には、竹久夢二の住居跡の碑もあり、自伝小説『出帆』に述べられている夢二親子とモデルのお葉《よう》さんとの渋谷での生活が思い出されて、つい足を止めてしまう。

　作品の中に描かれた自然は永久に変わらず、目を瞑《つむ》りさえすれば思い描くことが出来、幸せな感動に満たされる。しかしそれが鮮やかであればあるほど、失ってしまった自然の大きさを思うことになる。

　渋谷の街の変貌の中をひたすら往復する仕事の毎日であるが、それは私にとって「自然とは、人間とは……」を考えることができる貴重な時間なのである。

自分の北極点を

誰も特別ではない

優に三十年を越す私の仕事道。多くの人々にお会いしてきたが、いつも思うのは、功なり名を遂《と》げた人々も、決して特別ではなく「ああ、この方もあんな苦しみや挫折、悲しみや喜びの中をひたすら進んできたのか。皆同じなんだ」という共感で更《さら》に親しみを覚えたり、励まされたりすることであった。

しかもその姿形や風情が日本人なら誰もがすぐ思い浮かべることができる人々だけに、抽象論や精神論にならず、あの人もそうなのかと判りやすい形でそのメッセージが鮮明に浮き上がってくるのがインタビューの目的でもある。

自らの仕事道をああだこうだとお伝えするのはおこがましい様に思え、つい遠慮がちになるのだが、ある人物に重ねて我が心を開くことは、その心苦しさから逃《のが》れられて、私自身も自然に気持ちが落ちつくのである。

最近の放送で、北極探検で有名な俳優和泉雅子さんにお目にかかった。北極点到達は日本人女性としては初めての快挙。氷点下五十度にもなる極寒の地、北極。ちょっと油断すればすぐに凍傷、命も落としかねない。一日五千キロカロリーを食べなくては体力がもたない。体重も六十キロ以上でないと、風に飛ばされてしまう。和泉さんは一九八九年、二度目の挑戦で成功。日本の何十倍もある北極圏の中で、旗が立っているわけでもなく、何もない北極点。でもそこに立つ前と後では、人生が大きく変わったという。

命に係わる冒険は他人との競争ではなく、あくまでも自分との戦い。戦いきれたことで、怖いものがなくなった。「何事もすべて気にせず自由にのびのびと生きられる様になった。そして何より人が好きになった」と和泉さん。

喧嘩もしない。分かりあえる喧嘩はするが、傷つけあい実りない喧嘩などしたくない。嫌な喧嘩になりそうだったら、にこっと笑ってその場を去る。一々腹を立てていたら身が持たないし辛くなるばかり。時間の無駄はしたくない……と。

するかしないかの差

力を振り絞り、命をかけて北極点に立った人の言葉には言わずもがな、説得力がある。そして「一度制覇したのだからもう良し！」ではなく、北極圏行きはお会いした時点で、すでに三十三回にも及び、和泉さんのすべての拠《よ》り所となっている。彼女の言葉ぶりは本当に生き生きしていた。自信が漲《みなぎ》っていて、突き抜ける様に明るく優しい。

全身全霊をかけて、何事かなし遂げることのかけがえのない貴重さについては誰もが判っている。それをするかしないかの差でしかないことも。でもその差の大きさを誰もが哀しくも思い知らされる。北極がなかったかつての和泉さんと北極と共にある今の和泉さんの言葉は、我々に伝わる力がすでに違っている。

北極とまではいかないが、私たちは北極を自分の目標や夢に置き換えて、感じとることができる。一生懸命になれる何かを持ちたい。そうすれば、怖いものがなくなるかもしれない。人をもっと好きになれるかもしれない。つまらない喧嘩をして傷つかない様になるかもしれない。……庶民的な俳優、和泉さんに重ねて私たちは生きる道を振り返る。

北極の様に特別な夢ではないけれど、多くの人は自らを何かで試したいと思っている。問題は、何事も「するかしないか」、「出来るか出来ないか」。……そして、その差を噛みしめるのが人生なのだろうが、噛みしめるだけでは侘しく寂しい。ささやかでも、やはり自分の北極点を探し続ける旅をしたいものである。

基礎の力はプロの力

技に人生が見える

ゴルフに関しては、「ゴルフ」と言うだけで興味を示す人、環境問題などを理由に拒否反応を表す人、関係ないと全く無関心な人……と何故かはっきり分かれる。私自身について言えば、プレーしたこともなければ、特別の親しみを持ったことも実はない。スポーツ番組を担当したこともないので、試合でインタビューをする機会も訪れず、当然ながらゴルファーは遥《はる》かに遠い存在であった。

ところが、その道のドンと言われる杉原輝雄さんを番組にお招きし、人生についてゆっくりお話を伺えるチャンスを得たことは幸いであった。

何故なら、道を究《きわ》めている人々の中に、いつも鮮やかに浮かび上がる、かけがえのないメッセージが、そのままテレビの画面に滲《にじ》み溢れ、ゴルフに親しみのない視聴者からも驚くほど多くの反響があったのだ。

飛距離を伸ばすため、杉原さんは小柄な身体に長いドライバーを駆使し、長年自分流の技を究め続け、年齢も病ものともせず、一途《いちず》に鍛えぬき、常に第一線で活躍。その姿こそ、多くの人々が共感する所以《ゆえん》であると言われている。

しかし知る人ぞ知るそれらの事々についてご本人に質問したところ、「鍛えるというより、頑張ることが出来る、そのことこそ有り難いんです」。「頑張れる幸せですか？」と念を押すと、「そう。それが有り難いんですよ」……技が人生を感じさせるのはこういうことなのだと、私は改めて得心《とくしん》した。

どんな時にも安定した力が出せること

番組が終わってから、また暫《しばら》くお話ができた。「プロとして何が一番大切か？」と伺った。「それは安定感。常に安定していること」と仰《おっしゃ》る。「安定感とは？」と再度尋ねると、「基礎の力。基礎がしっかりしていること。基礎は普段見えない。見せる必要もない。でもとっさの時、何か起きた時、何かの時、はっきり見える。基礎があればどうにでも補《おぎな》える。ピンチも抜け出せる。だから基礎がある人は出来不出来が少なく安定している。それがプロというものではないか」と。

その言葉は嬉しかった。基礎とは、安定感とは、プロとは……どの世界でも、何の場合でも常に繰り返し持ち出される言葉だが、観念では判っていても、明確には捉えにくく、易《やさ》しい様で難しい永遠のテーマである。

でも実感で語られるその言葉は、アナウンサーの仕事ともそのまま重なり、思いつく世の様々なケースにも当てはまり、私は気持ちが高鳴った。常に力が出せる状態にあること。どんな時にも安定した力が出せること。それがプロの力であり、そのために必要なのが基礎の力……そのことは、ゴルフでも何でも、一発勝負ではなく長期勝負、長く続けること、続けられることがいかに大事かを暗示している。

「色々な方法はあるけれど、長く続けられるそのことこそ力であり、有り難いことでもある」と、還暦を過ぎてなお挑《いど》み鍛え続ける杉原輝雄さんに、人々は自らの生き方を重ね合わせて、何より励まされるのである。

基礎、安定、プロ……そして有り難さへの思いがゴルフを越えて伝わってきた。

本当に夢は持てないのだろうか

♪いつでも夢を

昭和三十七年、巷には『いつでも夢を』が流れ始めた。そして瞬《また》く間に、素朴で明るいその歌は、人々の心を捉え、大ヒットし時代の応援歌となった。

三十年代、高度成長の波は人々を奮い立たせていた。次から次へ、生活はかつてないほど便利になり、庶民も、身の回りの家具、電気製品、衣類、その他、貪《むさぼ》る様に揃え、ささやかではあっても幸せ感を一つ一つ自分のものに出来る、確かな手応えがあった。将来の夢は登り階段状であった。その気になれば、いつでも夢を持て、実現できる実感があった。

初々《ういうい》しい歌声は正《まさ》にデビューしたての橋幸夫さんと吉永小百合さん。その若さが時代の空気にぴったり合った。

私もお二人とあまり年齢が違わない。青春の真《ま》っ只中《ただなか》、就職活動に歩く学生の一人であった。幸い放送局に仕事を得たが、希望通りではなくとも、それなりに誰もが殆ど就職できたから、若者の顔も皆どこかのんびりしていた様な気がする。

当時、町中あちこちから聞こえてくる『いつでも夢を』に柔らかく鼓舞《こぶ》されながら、人々の足取りは、今より遥《はる》かに軽く、弾んでいた。その時代の若者たちは今、親となり、その子どもたちが青春の真っ只中にある。

『潮来笠』に続き『いつでも夢を』で一世を風靡《ふうび》し、デビューと同時に大スターの道が用意されていたかの様な橋幸夫さん。橋さんのお子さんも、今、将来の選択をして、走りだしている。私もまた、その同世代の子どもの親になっている。

父母の姿が仕事選びに

橋さんにインタビューする機会を得た。大スターのお子さんは言わずもがな、我々とは全く違った環境の中で成長するのであるから、芸能方面での恵まれた二世道がすんなり用意されていたり、その道に入りやすかったり……とつい思ってしまうのだが、橋さんの娘さんは全く違う道、介護福祉士として、障害を持つ人々のために働く仕事を選んだのである。

スター街道、歌の道をひたすら突き進んでこられた橋さんも、青春時代、何が何でも歌手にという一辺倒な思いではなく、デビューと同時に苦もなく大スターとなってしまったために、当初は「これでいいのか、もっと他に道はあるのではないか」と思い続けていたという。「えっ。あの橋さんが！」とリアルタイムで活躍ぶりを知っている私は、新たに、身近な気持ちで、嬉しくなった。

更に伺えば、九人兄弟姉妹《きょうだい》の末っ子の橋さんだが、認知症になった母サクさんを、他の誰よりも独り占め《じ》し、世話になった母なのだから恩返しに自分が……と引き取り、妻の凡子《なみこ》さんと共に、篤《あつ》い世話をし看取《みと》ったことは、その著書にも書かれているが、懸命に看護をする父母の姿を娘奈央《なお》さんはいつも見ていた。そしてある時、家族で訪ねた福祉施設で、身を粉《こ》にして働く人々のプロの力に感動し、これこそ自分の道と決心したという。

介護福祉士という仕事に就き、生き生きと駆け回っている奈央さんは、「介護をする人々は、お年寄りや障害者の下《しも》のものが手や顔にかかっても、汚いと言うどころか、良かったね、こんなに今日は沢山《たくさん》出て……と喜んで相手を励ましている。それこそプロの仕事ではないか」とその気持ちを綴っている。

「職がない。今は就職難の時代」と世の中は声を大に言い続けている。それも苦しい現実ではあるが、本当に今は夢のない時代なのだろうか。奈央さんの様に大変でも生き生き働く若い人々の姿を眩《まぶ》しく想像しながら、ひと世代前の『いつでも夢を』を、今も歌いたくなるのである。

グレイという熱い生き方

「色」は人を動かす

先日ある友人から「ねずみ色や黒は人の精気を奪う性質があるから、中に赤みの強い色を、例えば下着などに付けているといいわよ」と言われた。その真偽はともかく、私が番組でお会いする、きらきら輝いて仕事道を進んでいる女性の多くが、何故か、きまって地味なグレイ系の色を身に付けていることを思い浮かべ、興味深くその言葉に立ち止まってみた。グレイがこの上なくお似合いの、当代人気の美人版画家山本容子さんの姿が焼きついていたからである。以前、私の担当番組にお招きした時の装いが、さらりと何気ないグレイのパンツスーツであった。お話の内容と共に、その身を包む無彩色こそ、忘れられないほどお洒落で、生き生きと上品な精気を感じさせてくれた色なのであった。

山本さんは、一般的には、吉本（現よしもと）ばななさんの『ＴＵＧＵＭＩ』の装画や、映画『Ｓｈａｌｌ　ｗｅ　ダンス？』のポスターなどで知られる銅版画家。繊細で、洗練された明るい画風が親しまれるベテランだが、どう見ても、二十代か三十代前半にしか思えないほど若々しく美しい。グレイはその様子をさらに際立たせ、その日も、自然な風格を気持ちよく漂わせていた。

友人が言うように「色」には性質があり、家屋、衣装、その他生活の中で、人を高揚させたり、沈ませたり、安定させたり、いらいらさせたり……、心に結びつく何かを含んでいることは知られ、実際、一日中何だか冴えない気分で過ごし、「この服の色が原因なのだ」と色のせいにすることもしばしばである。

目立たずに強い色

ねずみ色は目立たないと言われるが、本当は強い色なのかもしれない。よほどでないと負けてしまう。自らにしっかりとしたものが無い時、そういえばグレイを着たりすると、よけい沈み、僅かな精気すら吸い取られ、立場も存在も薄くなってしまう様な気がする。

一方、綺麗《きれい》な赤や緑は、ただ身に付けているだけで、色に頼ることができる。自分に何かが足りなくとも、とりあえずくっきり目立たせてくれる。便利な色ではあるが、邪魔に思うこともある。そんな時、地味なグレイを着ると、とても自然で、何より洒落て嬉しくなる。でもそれは、よほど調子の良い時、グレイに負けない強い何かが自分の中に感じられる時でもある。美人なら誰でもグレイが似合うとは言えない。仕事を通して着々と積み上げてきた、人間としての内容の厚さ、深さ……赤にも似た強いものを身の深くに持つ山本容子さん。山本さんは二十六歳で、同じ版画の道を進む仲間と結婚した。お互い切磋琢磨しながら、力を合わせ、高めあうための結びつきであったという。

離婚の後、三十代は、道を究め、実績をあげるために、教えを請《こ》う立場での出会いがあった。そして、四十代半ば、四十五歳で再婚されたが、今はほっと寛《くつろ》げるパートナーと自然な人生旅の最中であると語ってくださった。

二十代、三十代、四十代……芸術も仕事も変化し進んでいかなくてはならない。その年代の自分に合った出会いこそ何より自然なこと……と山本さん。芸術への強い思いとともに、人生のパートナーへの、意志的であり自然でもある熱い考え……。四十五歳という言葉の持つ感覚が、山本さんとの出会いで、音を立てて変わった。

山本さんは女流版画家といわれることを嫌う。「だって男流○○なんて言葉ないでしょう？」と。芸術や仕事に男女を持ち込まず、本来的な取り組みをしたい。結婚もしかり。あくまで人間としての結びつきなのだから、生き生きと生きていれば、年齢なんて関係ない。その人次第。……グレイという色の中の熱い生き方は人を惹きつけてやまない魅力に溢れていた。

語らない部分、描かない部分がある方がいい

異才と異才の出会い

イラストレーターとして第一人者の山藤章二さんと独特の一人芝居で人気のイッセー尾形さんに私の担当する番組でお会いした。『週刊朝日』の「似顔絵塾」や「ブラックアングル」で広く知られる山藤さんの風刺画は、どれも「流石《さすが》！」と人々を唸らせる。一方、一見淡々と、媚びず、黙々と、濃い一人芝居で異彩を放《はな》つイッセー尾形さん。

山藤さんはテレビでもお馴染みであり私も何度かお会いしてその見識に感服しているが、イッセーさんの素顔はあまり知られていない。「舞台を観てもらえればいい。自らを、あれもこれも、人前で語ることはない」と、インタビュー泣かせであったとも聞くが、スタジオで直《じか》に見るイッセーさんは、演技を包むあの黒っぽく固い雰囲気は全くなく、解放感に溢れて、初々《ういうい》しく柔らかく優しく、紅顔の美少年の様でもあった。仲の良いお二人揃っての出演

であったからこそのこと。信頼し合うお互いの中に流れる空気はこんなにも清々《すがすが》しいものかと、改めて知らされ、嬉しい時間であった。

お二人の交流は長い。一九八一年、『お笑いスター誕生!!』という番組に、彗星の如く登場したのがイッセー尾形さん。偶然番組で見かけた山藤さんは、お笑いでもなく、芝居でもなく、様々な職業の人間……売れないバーテンや疲れたサラリーマン、工事現場で働くおじさん等々を黙々と一人で演じる男をみて釘付けになった。ギャグらしいギャグもなく、人におもねる過剰サービスは皆無、判らない人は判らなくてもいい、判る人だけでいい、見たい人だけでいい。受けそうなネタはわざと外《はず》し、ひたすら毅然と一人芝居を続ける男・イッセーさんに今までにない新鮮さを感じたという。この人の演技を皆に見てもらいたい……その時から、長い付き合いが始まった。

他人が参加出来る余白を作る

その味を貫き通し、今の実績を作り上げたイッセーさん。僭越《せんえつ》ではあるが山藤さんの中にも同質のものを見ることが出来る。山藤さんの似顔絵は、言わずもがな、その人物の鮮やかで迫力ある風刺的人物評である。おもねず、判らない人は判らなくていいという確固たる山藤哲学。……でも誰もがあの人物にぴったり！　と判ってしまう力量と読みの深さ。大向こうを狙わず説明的な所は省き、饒舌《じょうぜつ》は避け、湧き水の様に生み出る魅力的で風格のある作品は我々を惹きつけて止《や》まない。

芝居も絵も多くを語らなくてよいと山藤さんは言う。「風刺であっても、書きすぎて止《とど》めを刺さないこと。みんな人間なのだから」と。……だから山藤さんの作品は後味がよく、爽やかなのだ。さらに、説明的でないから、本質が見えて、我々はすっと引き込まれる。芝居も絵も……何の場合も当てはまる様な気がする。日常でも、仕事でも、説明をしすぎて、饒舌になって、かえって伝わらないという虚しい経験をどれほどしてきたことだろう。

「語らない、描かない部分は、見る人が補って味わう。その相乗作用で芝居も絵も大きくなる。……イッセー尾形の一人芝居が何故面白いのか。それは、観客が自分のイメージで補って、二人芝居になるからだ。イメージの質や量は極端に個人差があるものだから、面白がり方も個人差がある。大きく笑える人、あまり意味が判らない人。観客の質次第。それがまた面白いのだ」と山藤さん。……人生、厳しくも楽しい味わい方を、自らに改めて重ねてみたいと思ったお二人との出会いであった。

眠りを誘う名人芸

眠れぬ夜は生きているという証拠

子どもの頃は眠れないことなどなかった。時に寝つきが悪いことはあっても、眠れず焦るなんてことはなかった。「最近歳《とし》をとったせいか、眠れなくてね」「いろいろ考えているうち眠れず、焦れば焦るほど目が冴えて、今日は最悪」とか、眠りについての会話は、殆ど挨拶の様に、日常あまりにも多いことに改めて気づく。

歳をとって眠れなくなるということは、善きにつけ悪しきにつけ、それだけ気持ちを高ぶらせる様々な物事に囲まれて生きているということであろうか。……経験が多くなればなるほど、またそれを大事に真摯に考える習慣があればあるほど、眠れぬ夜の数は増えるのかもしれない。ならばそれは、ある意味で、生きているという幸せな証拠と言っても良いのではないだろうか。

とは言っても、翌日の仕事やスケジュールや人との出会いを考えると、眠れないのは辛い。一晩ぐらい何でもないはずなのに、「力が発揮できないのではないか。肌が荒れるのではないか」などマイナスのことばかり挙《あ》げ連《つら》ね、そのプレッシャーでさらに焦り、眠りの電車に乗り遅れるばかり……よくあるパターンである。

私はもともと短時間の睡眠でもあまり影響のない質《たち》なのだが、それでも最近は少しでも速《すみ》やかに眠ろうと、耳元で、柔らかな、人を包む様な音楽を聞くことにしている。

約一時間のCDなのだが、殆ど聞き終わらないうちに眠りについている様である。仕事がら他人《ひと》のナレーションを聞いても、発音や息づかい、上手い下手、その他諸々《もろもろ》気になって余《よ》計《けい》冴えかえってしまうのだが、その音楽の導入部分にある、ほんの少しの紹介の言葉は、不思議なことに、あまり気にならず、すっと受け止められるのが嬉しい。説明的でなく、声の質も自然。甘くもクールでもなく妙に媚びていない。もしかしたら、安易に作ったCDではなく、計算し尽くされた、良心的なものに出会えたのかもしれない。

上手さを感じさせない名調子

先日『三百六十五歩のマーチ』や『兄弟船』をはじめ人生の応援歌を書き続け、数え切れないほどのヒット曲を出している作詞家、星野哲郎さんにお会いした時のこと、星野さんは「いつも、今は亡き古今亭志ん生師匠の落語のテープを聞いて寝るが、あまりに気持ちよく、自然であるため、必ず眠くなり、せっかくの名人の落語も最後まで聞ききることはないのです。そういう芸には滅多にお目にかかれない……」とおっしゃる。

傍らで、落語家の立川談四楼さんが「本当の名人芸というのはそういうものなんですね。理詰めでなく、上手すぎず（上手さを感じさせず）聞く人を包む様な、聞く人と噺家の間に自然なリズムが流れる様な、なんとも言えない心地よさを醸《かも》し出せる芸こそ名人なんです」と。

眠くなるというのは、最高の褒め言葉であるそうだ。下手くそだったら、気になって気になって、眠るどころか、気持ち悪く、いらいらして、その場から立ち上がりたくなる。説明的であったり、理詰めで上手そうであっても、それは時にうるさく、居たたまれない。

程よい、自然のリズムを持った、なんとも言えないゆとりある安らぎ……心地よい眠りに誘われる様な芸。私もそんな朗読や話し方をしてみたいものである。

『小さな旅』の出会い

プロとしてのけじめとゆとり

倉地辰代さん。今日も、二十キロの重い荷物を背負って一番電車に乗っていらっしゃるだろうか。『小さな旅』という番組でお会いした当時は七十七歳。倉地さんは、戦後昭和二十一年から約半世紀、魚の行商を続け、時化《しけ》で魚のないとき以外休んだことはないという。復員されたご主人と訳あって別れ、三人のお子さんを女手一つ、行商一筋で育て上げられたが、楽隠居ができるようになっても、変わらずに仕事を続けてきた。

たっぷりとして、明快な言葉が、がっしりとして、豊かな体全体から、決して饒舌《じょうぜつ》ではなく謙虚に、でも程よく堂々と出てくる様子に、私はまず惹かれた。

「すてきな人に出会えた！」……自然で、さらに何ともかわいらしい。年を重ねた女性のなかには、「人間のかわいさと賢さ」をにじませている人が多い。長い私の仕事旅、各界様々な人々との出会いのなかで、それはしばしば感じてきたことである。

体裁や形への拘わりがどこかに残る男性に比べ、何もかも突き抜けて、直接的な人生の言葉が返ってくる。

たっぷりとして明るくかわいらしいお年寄りに会えた時のうれしさ！

倉地さんのことは忘れられない。倉地さんの何気無い言葉のなかから、メッセージがびんびん響いてくるのだ。

「お客さんにとって、来たり来なかったりするのは駄目。暑くても寒くても、どんな時も倉地さんなら必ずきてくれる」という信頼。「とれたばかりの活《い》きのいい魚を常に運んできてくれる」という安心。

……それを壊さずに大事に一生続けていれば、「お客さんは必ず待っていてくれる」「待っていてくれる気持ちを裏切っては駄目。そして一軒一軒回るのだから他人のことは絶対言わないこと」「待っていてくれる人々がいるのは何よりうれしい。働いていなければこんないいこと味わえない。だからやめられない。幸せだね」

倉地さんは、まだ駅員さんも誰もいない早朝の駅舎とホームを、一番電車が来る約一時間前から一人黙々と掃除をして過ごす。誰に頼まれたわけでもない。

三時には家を出るそうだ。少しでもゆっくり寝ていたい朝なのに……。倉地さんのなかに私は、一日の仕事を始める前のプロとしての「けじめとゆとり」のメッセージをしっかりと聞いた。

「買ったときより立派に」の腕

この道一筋、知る人ぞ知る「ビリヤードのキュー作りの名人、というより直しの名人」、七十三歳の石田勇さんを、花筏《いかだ》が流れる神田川沿いの仕事場に訪ねた。

ビリヤードを楽しんでいる人たちの映像や写真は見たことがあっても、ゲーム場に足を踏み入れたこともなければ、勝敗の決め方はもちろん、道具の名称さえ知らず、従って「キュー」と言われても「突かれる玉でないことは確かだから、突く棒の方に違いない」と、どうにか判断ができるほどの知識しか私にはない。

でも、「道具作りの名人」となるとまた違った意味合いがある。……神田川にぴったり沿った古い家並。一世を風靡《ふうび》した『神田川』の歌詞とメロディーがつい浮かぶ。川は桜の花びらを連ねた「花筏」を浮かべ、静かに整然と流れている。

神田川とビリヤード、似合わない様でいて、何だかとても似合っている。そのビリヤード場の地下で石田さんは「キュー」の直しをしていた。

新しいものは機械でも作れるが、石田さんの様にキューの持ち主に合わせて修理ができる人は他にいないと聞く。

「同じものを買っても、使っているうち、その人の扱い方、性格でキューが変わってくる。修理の個所は限りなく、持つ感覚や音まで直してほしいという人もある」そうだ。

だから、石田さんの地下の仕事場へは北から南から人々の列が続く。

「どこが悪いの？」と声をかけられ、子どもの病気に付き添ってきた親の様に傍らで控えて、みんなじっとその手際《てぎわ》を見ながら待っている。

どこかで判らないうちに新品同様に修理されてしまうのと、大事に扱われ見事な技で直されていく過程をそばで見るのとでは大きな違いがある様に思われる。……それを感じてもらうこと、そして買ったときより立派にしてお返しすること。腕の自信のほどがうかがえて気持ちが良い。

石田さんは作ることより、修理の方がはるかに難しく、楽しく張り合いがあると本当に幸せそうだ。

見事な直しができるということは、もちろん作るプロでもあるということ。「高校を卒業してからでは遅い。できればもっと早いうちに、親方のいい仕事を傍らで見ながら身につけないと生涯を支える技にはなりにくい」と石田さんは言う。

言わずもがな、一律の勉学も大事だが人が幸せになれる多くの道を、私たちはずいぶん失《な》くしている様な気がしてならない。

恬淡《てんたん》と技に生きる人々の中から、生きていく上ではっと思い知らされる様な「メッセージ・言葉」がいつも聞こえてくる。

家族は旅に

誰もが限りなく優しい

大時化《しけ》の日本海を、新潟から佐渡の両津《りょうつ》までフェリーで二時間強。さらに車で約一時間半ほど海沿いの道をひた走ると、両津市の北端、願《ねがい》の集落に着く。折からの雪の中、佐渡の荒波は、願の浜を目がけて白い波頭を激しくぶつけ、その音は、ドードーと、何かを語る様に、私を迎えてくれた。

『小さな旅』の取材で、佐渡を訪れたのは、立春まぢかの寒の内。ディレクター、カメラマン、照明や音声担当の技術スタッフ、ハイビジョンの撮影なのでビデオエンジニア、多くの機材を運搬する車両部のメンバー、そして状況によって加わる助っ人……。いつもの『小さな旅』スタッフ（毎回、土地とテーマによって担当者は変わるのだが）は既に、一週間前から、撮影にとりかかっている。そこに私が合流し、人々へのインタビューが始まる。

願の集落は二十一戸。百年前からその数は変わらないが、今若者はほとんどいない。出稼ぎや勉強で島の外で暮らすことを、「旅に出る」と佐渡では言う。「波は荒く、風は強く冷たく、撮影は厳しいけれど、家族を旅に出している土地の人は皆、誰も誰も限りなく優しい……」と、私の顔を見て、スタッフは待っていたとばかり、矢継ぎ早に語る。

佐渡は島なのだから、願のことを「陸の孤島」というのはおかしいのだが、岸壁に隔てられたその海沿いの小さな集落を、それ故に変わらない佐渡の暮らしが残るかけがえのない土地柄だと、人々はみんな大事に思っている。

両津市と願を結ぶバスは一週間に一本しかなかった。なぜなら、高校生が通学に使うこともないからである。同じ両津市内でも、高校には遠くて通いきれないので、中学を卒業すると、みんな町に下宿することになる。下宿代が暮らしに響くので、一世代前までは、だからなかなか高校まで行けなかったそうだ。その分みんな働きに出ていった。

独り暮らしの坂口鏡子さんに、一人っきりの生活についてうかがったら、「父さん（夫）は小さいとき勉強ができたので、先生も上の学校に行かせたいと言ってくださったけれど、親に負担をかけることが申し訳なくて、大工仕事の修行のため島を出ていった。私と結婚してからも、出稼ぎに行き、盆と正月以外家に帰ることはほとんどなかった。だから子どもたちはどんなことがあっても高校にやりたいと、町に下宿させた。息子も娘もみんな、その分頑張ってくれて、大学にも入れた。そして、島を離れ、結婚し、孫もでき、私は幸せだよ。みんな旅に出てしまって、誰も側《そば》にはいないけれど……。ずっといつだって、私は一人だけれど、家を守る仕事があるし、不幸せではないよ」と、鮮やかで柔らかな笑顔を見せて語る。

「年をとって、父さんとやっとゆっくり一緒に暮らせる時期が来たと思った矢先、先立たれてしまった。……でも、私には海がある。若いころから、岩海苔《いわのり》を採り、家族を養ってきた海がある。子どもたちに、今の時期いちばん美味しい岩海苔を送ってやるのが、何よりの楽しみ」

……六十八歳の鏡子さんは、今も冬の時化が凪《なぎ》に変わったら、海に跳んで行く。ひとつ踏み外したら危険な岩場、三人のお子さんたちは「嬉しいけれど、母さん大変だから、もう止めてほしい」と手紙を寄越《よこ》す。でもこれが生き甲斐。楽をして、そこそこの物を送っても意味がないと鏡子さんは言う。

「命がけで一生懸命採ったものを送ることができるのは私の誇り。まだ現役でそれができる幸せ。そして自分の手で故郷の香りを旅に出した子どもたちに届けることができる私は幸せだよ」

　磯に生まれ、磯に住み、磯の海で働き続けてきたからできること。凪《なぎ》になったら海に出て、時化になったら家で遠くの家族に手紙を書き、気持ちを乗せて贈り物の荷造りをする。佐渡の冬は厳しく寂しいこともあるけれど、時化の間は、ゆっくり心身を休め、家族を思う。かけがえのない神の贈り物の時間だと言う。

「海を見ていれば、海が自然に、日々の過ごし方を教えてくれる」

鏡子さんの目は、澄んで、海の色だった。

肩を寄せ合う様に、集落の家々はみんな固まり重なり繋がっているかの様に見える。

海に洗われ、海に鍛えられた目

鏡子さんの家のすぐ側に、「一等漁師」と人々に呼ばれている腕利きの山口文太郎さんが住み、またちょっと行くと木彫の名人井端《いばた》理さんの住まいがある。我々スタッフの宿舎福助屋旅館もその間にある。いずれも一分とは離れていない。小さな集落を覆《おお》う様に、暗い時化の海のドードーと唸る声は、相変わらず何日も続いたが、我々もいつの間にか、すっかり慣れて、その中から冬ならではのメッセージがたくさん聞こえてくる様にさえなった。

山口さんは凪が来たらすぐ跳びだし腕にかけて完璧な漁ができる様に、今の時期、自分に合った道具をしっかりと作って待機している。アワビとりの「けいとり」という竿。五メートルを越す竹を七輪で炙《あぶ》り真っ直ぐにし、その先に金具をつける。アワビの身を傷つけない様に、何メートルも離れた舟の上から、場所によっては長い竿をさらに何本か繋ぎ合わせ、先の小さな金具にかけて引き上げるプロの腕。僅かな傷でもアワビの価値は半減するそうだ。

……七十歳というのに若い者に負けないどころか凌《しの》ぐ目の技。それを支えるしっかりと弾力のある竿。凪を待つ一等漁師の目も、海を映して透き通っている。


井端さんは、毎日、浜に出て、海の彼方《かなた》から流れてくる木を拾い、仕事に出られないときは趣味でお盆や器を作る。流木の傷《いた》みを生かし、どこからやって来たのかと思いをはせながら削り、味のある不思議な作品の出来を妻と一緒に楽しむ。

その目もやはり遥《はる》かさで澄んでいる。海に囲まれ、海に向かい、海の音に包まれ、あるがまま暮らし、その中で喜びを見つけ出す日常を送っている人の目は、こんなにも澄むものなのであろうか。三人が三人とも、本当に澄んだ目をもっていて、その目で、語ってくださったのが忘れられない。

四年間担当した『小さな旅』は名勝景勝の旅ではない。ごく日常の旅である。願を訪ねたのも、得難《えがた》い観光地としての風景ではなく、自然と共に淡々と暮らし続けてきた人々のいる風景を捉えたかったからである。

ふだん当たり前に暮らしている土地も、季節、時間、瞬間によって、また、訪ね方、接し方、捉え方、描き方で光り輝くときがある。そしてその土地で、普通に、静かに暮らしている人たちも、やはりこちらの接し方、描き方で、どの人も、ドラマティックに生き生きとした輝きを見せてくれるときがある。そのことがすでにかけがえのない旅。

旅は限りない。……人はいつも旅の中。

何々っぽい人、ぽくない人

人間観察

「エリート」っぽい。「秀才」っぽい。「仕事ができるタイプ」っぽい。「面白人間」っぽい。「豪快」っぽい。……一見それらしきタイプはどうも苦手である。

基本的には「ぽくない人」の方に惹かれるのだが、勿論「何々っぽい人」の中でも、実は本当に内容豊かで魅力ある人も多く、「さすが！」と嬉しくなることも少なくはないし、たとえ「何々っぽい」だけであっても、それはその人の生き方なのだから、仕方のないこと。しかし、仕事の場で、どうしても気になるのは、「……っぽい人」ばかりを重用する上司の存在ではないだろうか。

でもそれを怒ったり悲しんだり悔しがったりしてもどうにもならない。「ぽいしか見えない人もいるのだ」と人間観察をして、それを人生の肥《こ》やしにし、自らを研鑽《けんさん》していく方が早道なのではないだろうか。

人生は短く、二度とないかけがえのない時間なのだから、腹を一瞬たてるくらいで止めておいて、悔やんだり、そのことで惨めになったり、無駄な消費をしない方が楽しいのではないか。いえいえ、悔やみ、呪い、悲しみ、掻《か》きむしる人生があってもよいという生き方もあり……いずれにしても人生は味わい深く、「何でもあり」なのかもしれない。


私自身仕事道を旅する中、「何々っぽく」見られるのは、何より避けたかったので、たとえ死ぬほど頑張っても、何事も大袈裟にならない様、なるべく目立たぬ様、何気なく自然にやってきたので、認められず不遇の時代もあった。

でもそれは自分の生き方なのだから、すべてひっくるめて、私は、仕方がないという所からスタートし、仕方がないのだから他人を気にせず、決して頼らず、自分流に力を尽くすしかない、と歩いてきた。

自然にあるがまま、真摯《しんし》に、人生を味わう。そして個であることにこだわりつつも、支えられている組織の中ではあくまでプロの仕事をしたいと一途にやってきたつもりである。

認められようと、そうでなかろうと、一生懸命仕事をしている自分の姿だけを励みにしてきたとも言える。だってそれより確かなものがあろうか。自分が信じられない様なら、生きていても仕方がない。

いつもアウトサイダーの心

ありとあらゆる仕事がある。大中小の様々な組織、農家あり商店あり、ボランティアの仕事、家事……働いている人は皆同じ思いかもしれない。

ぽい人、ぽくない人、人は様々だが、「何々っぽくない人」に出会って「本当にそうだ！やっぱりそうだ！」と思えた時、宝の時間を感じる。

『人生いきいき』というインタビュー番組で森英恵さんにお話を伺った。国内外のご活躍は言うまでもない。パリ・オートクチュール組合で日本人としてはただ一人のメンバー。身近な小物から最近では能の衣装までデザインする広く厚いその仕事ぶりは、時代の風の中で常に人々の注目を集めてきた。

才能、センスに溢れている森さんだが、「自分はいつもアウトサイダーだと思っている。あくまで人さまに作って差し上げ、着て頂く側の人間だとずっと考えてきた」とおっしゃる。だからいつお会いしても、大先生っぽくなく、構えず、気負わず、自然で優しい。本当の自信とゆとりがそうさせるのであろう。

世界のハナエ・モリなのに、料理洗濯等々家事が大好き。疲れて休むどころかそれが何よりの気分転換。「家こそ家庭こそ、すべてのベースであり巣である」と、着やすい男物のパジャマで家の整理整頓に飛び回る。

仕事のためには、男性に負けず、外での付き合いを大事にするという元気型の女性もいるが、森さんは家に一目散。まさにらしくない。キャリアウーマンとはこういう「ぽくない女性」を言うのではないだろうか。

続けられることの幸せ

さっぱり濃密な結びつき

ＮＨＫ朝の連続テレビ小説『あぐり』（一九九七年）の主人公である吉行あぐりさんは、作家故吉行淳之介さん、俳優吉行和子さん、詩人で作家の吉行理恵さんの母上であることは広く知られている。

あぐりさんの九十二歳の誕生日、我々番組のスタッフはスタジオに可愛いくす玉を用意してお迎えした。和子さんと一緒に、母娘《おやこ》のユニークで素敵な関係を語っていただく生放送であった。

登場と共にくす玉を割り柔らかな花吹雪でお祝いの気持ちをお伝えしたのだが、和子さんによれば「こんなこと初めて。我が家ではお互い誰も誕生日なんて祝ったりしてこなかった。母はいつも仕事に忙しくて、私たちは何もかまってもらえなかった」と。

吉行家ではすべてが表面さっぱりしているというが、その分芯を流れる結びつきの濃さ、それも自由な濃さが我々に爽やかに伝わってくる。和子さんが結婚する時も離婚の時も、「あら、そうなの」とひとこと。「だって自分で決めたことなのだから誰も何も言えないでしょう」とあぐりさん。

今も同じマンションにあぐりさん、和子さん、理恵さん三人それぞれ別に住まい、連絡は手紙だそうである。広告の裏などを使ったあぐりさんの走り書きがポストやドアの隙間から届く。でも何事かあればすぐ飛んでいける近さ。距離も心も。

かくしゃくとしておられ、すっきりと美しい九十二歳のあぐりさんは現役の美容師さん。でも最近やっと忙しさから解放され、和子さんと海外旅行にも行かれる様になった。早くから一人一人が自立し、一緒の時間が長い間なかったので旅行などお互い疲れるかと思ったけれど、不思議なほど今気にならず、とても楽しいという。それより何より「母の方があれも見たいこれも、と遥《はる》かに元気なんですよ」と嬉しそうな和子さん。

長寿、三人のお子さんの活躍、べったりではなく、いえ正反対のさっぱりさ、自由で優しく強い結びつき……仕事を長くしてこられたあぐりさん、その長さの中にある鍵は何だろう。

実は十年以上前、テレビ『あぐり』の原作、吉行あぐり著『梅桃《ゆすらうめ》が実るとき』が出版されるとすぐディレクターの小池貞子さんが『私の本棚』という番組で作品を取り上げ、私が朗読を担当したのである。

その時も感激した私は、雑誌『すばる』にあぐりさんの事を書いている。その文章をここに今、引用してみる。一九八六年六月号のこと、あぐりさん八十歳、私もまだ四十代であった。

余分なものがなく、足りないものがない

吉行三兄妹（作家の淳之介さん、俳優の和子さん、詩人の理恵さん）のお母様あぐりさんが出された『梅桃が実るとき』という本をラジオ第一放送の『私の本棚』でとり上げ、幸いなことに私が朗読することになった。

あぐりさんは間もなく八十歳だが現役の美容師さん。週の水木金には昔からのお客様の髪を作って居《お》られる。

「シャンプーはお弟子さんが？」とうかがったら「いえ私が全部」。そして「三、四時間立ちっぱなしでも平気。慣れていますから」と、サラリとおっしゃった。

一筋六十年の道程《みちのり》を語った『梅桃が実るとき』は、様々の苦境も、持ち前ののびやかさと生真面目《きまじめ》さで見事に乗り越えてしまう様子がサバサバと明るい透明感で描かれ、私たちを捕

らえて離さない。

よく「作者の気持ちになって読め」と短絡して言う人があるが、そんな不遜なことができようか。できるはずがない。

勿論、作者の心は探りたい。ああでもないこうでもないと体あたりでぶつかってみる。でも作品というのは、作者が書きあげた時からすでにその手を離れ読者自身のものになっている。それをどう感じどう読むかは自由で、一人一人の感性によって違ってくるのが当然であり面白さでもある。

だから放送で朗読する時も、直接作者にお目にかかることはしないのが普通である。ところが今回ディレクターと私の気持ちがどうしてか一致し、ごく自然の成り行きで市ケ谷の「あぐり美容室」をお訪ねすることになったのも何かの引き合わせかもしれない。

……本当に間もなく八十歳なのだろうか。その姿、話しぶり……。年を重ねていらっしゃるのは確かなのだが〝お年寄り〟という言葉の感覚は全くあてはまらない。

美容の技術者であるから、……いやそれとも違う。シンプルでシャッキリしたご様子は、本の内容、表現とぴったり同じ。

年をとられると、生理的にも心情的にも、良い意味でも悪い意味でも何か余分なもの、もしくは足りないものが出てきて、それが違和感となって周りの者に老年を感じさせることもあるが、その部分が全く見えない。

意地と生真面目さがあったから

声は大きく太くテンポがあり、私たちはついつられて仲間同士の会話にすぐなってしまった。何と不思議。何と素敵。相手の言葉にたっぷり耳を傾けてくださり即反応。そのバランス感覚……。

「私は人に気を使うほうの人間ですから、人に気を使わせるなどという生活はできないのです」と書いていらっしゃるが、まず相手を大事にする余裕が、自らをもさらにしっかり支えて居られるのであろう。

私はごく自然に吉行さんのことを〝あぐり先生〟と呼んでいた。

私たちは放送の中で学校の先生などの他は〝先生〟という呼びかけは原則的にしない習慣になっているのだが、そして言わずもがなのことだがあぐりさんとは師弟の関係でもないのだが、思わず〝あぐり先生〟と声に出て、その響きは私の心の中にストンと落ちついておさまった。

私自身、人生の折り返し点に立ち、ひたすら走り続けてきたこれまでの道、この先、向かっていく方角、その両方をここで見すえておきたいという強い思いにかられている時でもあり、更に仕事を続け、一回こっきりの人生旅を大事に暮らしていくために、力強く魅力的に生きている先輩に、何かを学びたいと切実に求めている時でもあった。一方的に言わせていただけば、私にとって忘れることのできない出会いの一つになった。

家にほとんど帰らなかった夫エイスケさんのこと。彼が亡くなったあと三人のお子さんと姑、目もくらむ様な借金をかかえてのご苦労、どんな時にもびっくりするほど拘泥《こだわ》らず、私たちの目から見ると何とも事もなげに乗り切ってこられたその生き方、意地と真面目さとのびやかさ……。

「今こうして五十六年も前から住んでいる土地で、なんとか美容院を営んでいられるのは、私に意地と生真面目さがあったからかもしれません」

そして、

「六十年以上続けてきたこの仕事が私は好きなのです。ですから、少なくとも八十歳になるまでは続けたいと思ってきました。もちろん八十歳を過ぎても続けることができればそれにこしたことはありません」

続けること、続けられることの幸せ。そしてサラリと重い人生を語ることのできる年齢。

――私はまだ四十代。まだまだ手探りの状況。健康も仕事もほどほど、これからが人生の勝負のしどころかもしれない。今、私は魅力ある八十歳前後、又、それ以上の年齢の方々から真剣に学んでみたい。

読心力～人生を読む　人間を読む

「読む」は人生の宝

読むことは、生き方のメッセージを読むこと

「読み、書き、算盤《そろばん》」というが、「書き、読み、算盤」や「算盤、書き、読み」とはいわない。単に語呂《ごろ》がよいからなのだろうか……そうばかりではない様な気がする。

三つの項目どれも大事だが、「読み」を最初にしたのは、長い間の、庶民としての実感が、そうさせてきたからではないだろうか。

「読む」と「書く」を、単純に比べてみると、音声表現と文字表現ということになる。「書く」という行為は、手紙を書いたり、訴えを書き連ねたり、提案書を作ったり、作文、詩、小説を書いたり等々……主に自らを表現することに係わり、自らの奥に向かって掘り進む作業といってよいのかもしれない。

一方、「読む」ということは、その逆で、手紙を読む、本を読む、教科書を読むなど、ほ

とんどの場合、対象の持つ意味や心をとらえていくという、自分のことより「相手」に向かっての行為が大事なのである。

そして「読む」という作業には「声で読む、目で読む、心で読む、人の心を読む、状況や未来を読む」等々あるが、いずれも様々な形の「相手」を意識し、その中に何かを捉え、何かを得ようとする……一歩下がりながら、相手から勉強していこうという、庶民のしたたかな、そして優しい、生きる上での根源的な知恵がある様に思えてならない。

「読むだけだから（簡単）」という一種軽くとられるニュアンスがあって、私自身の中にもその思いがなかったわけではなく、放送の仕事を懸命にしながらも、長い間、書くことに拘わってきた様なところがあるのだが、……読むという行為の前でいつもいつも、立ち止まらされ、考えさせられ、問われ、試され、その大きさ・深さを長い時間をかけて思い知らされてきたのである。

「相手・対象」をどこまで深く読み取れるか、そしてどこまで表現できるか、限りない挑戦である。朗読やナレーションでは心を尽くした上で至難の技《わざ》が求められる。

同じものを読んでも人によって全く違う世界になり、対象の読み取りの深さと表現力が露呈してしまう。

読むということは怖いものだ。人間の中身が見えてしまう。でも読むことの楽しさはかけがえがない。

書かれたものは勿論だが、世の中、耳を澄ませば、すべてのことにメッセージが溢れていて、それを読み取ることの何という喜び！　生き方のメッセージを読む、心を読む……それは人生の宝の様な作業だ。

かぐや姫からのメッセージ

胆石をとった。たかが石といっても全身麻酔で胆のうを摘出するのだから簡単とは言えないのだが、「すぐ退院できますよ」という医師の言葉をそのまま受け取り、四日目には、仕事に復帰した。

その日の担当は『古典への招待』という番組の中の『竹取物語』、かぐや姫が天に昇る場面の朗読であった。

彼女は、急《せ》かす迎えの天人たちを制し、「羽衣を付けたとたん、この世であったことのすべてを忘れてしまうのだからその前に」と、慈しみ育ててくれた翁《おきな》と嫗《おうな》そして求婚する帝《みかど》に身の上を告白した後、お礼に不老不死の薬を残して飛翔《ひしょう》する。

全身麻酔で、手術は勿論《もちろん》のこと、人の気配も言葉も感じず、全て忘却の数時間を過ごした我が身は、まさに羽衣を着せられた様なものなのかもしれない。

科学の進歩は、痛みもなく患部をとることを容易に可能にしたが、不老不死の薬は今も夢の夢。しかし、物語を読むと、翁も帝もせっかくの薬をかぐや姫から残されながら、勿体《もったい》なくも火を吹く富士山に投げ入れ焼いてしまう。

不老不死を願いながらも、そこまですることの、生き物としての不自然さを当時も語っているような気がする。

『竹取物語』が、古くから「物語の出で来《いでき》はじめの祖《おや》」と言われ、常に愛され続けてきた理由が改めて判《わか》る様な気がした。

千年が知らせてくれる今

こんなに面白い古典

仕事がら古典を朗読する機会が多い。仕事がらといっても、アナウンサー誰もが読むというわけでもない。古典を難しい、読みにくいという人もいれば、判らない、面倒くさい、必要ない、と敬遠する人も多い。「何ともったいない。こんなに面白いのに。こんなに得するのに」と声を大にして熱く叫びたいのだが、私もかつては、教科書であまり面白くない部分だけを、しかも文法で切り刻み、苦しく読んだ世代である。登場人物も背景もすべて古めかしく、魅力を感じたことなど残念ながらなかった。

ところが、ある時から、物語も日記も歌も説話も、古典の何もかも、嘘の様に自然に楽々と、すらすら読める様になったのだから、人生は不思議だ。

古典を取り上げた多くの番組を担当したり、そのつど、目を開かせてくださった先生方……臼井吉見さん、長野嘗一《しょういち》さん、木俣修《きまたおさむ》さん、大野晋さん、中村真一郎さん、瀬戸内寂聴さん、その他多くの先生方との忘れられない出会いがあるのだが、今、私自身が私流ではあるが放送を通して古典をざっくりと読める様になったのは、古典からの「時間のメッセージ」に、自然にそのまま乗れる様になったからかもしれない。

ラジオ第二放送の『古典講読』の時間で、ここ何年かにわたって『和泉式部日記』『枕草子』『紫式部日記』『更級日記』『宇治拾遺物語』の原文を全編通読してきた。『古典講読』は長く続いている番組なので、以前にも幾つかの古典を抜粋で読んでいたが、全編通して、面白い所もそうでない所も残らず朗読したのは『和泉式部日記』が最初であった。『和泉式部日記』（解説は故鈴木一雄先生）を原文ですべて朗読したが、敦道《あつみち》親王と和泉式部の恋の話も、初めから終わりまで声を出して読んでいくと、その息づかいから、動きまで、そのまま自分のことの様に感じられ、千年の時の隔たりは全くなく、時代の風の中を生きる人間の声だけが聞こえてくるのである。

古典の朗読という「形」ではなく、自然に二人の気持ちになって、力が入ったり、引いたり、熱くなったり、寂しくなったり、心が晴れたり、曇ったり、現代の小説を読むのと全く同じ……いえいえ、もっと言葉は洗練され、豊かで、響きの爽やかな古典。心は深く、香りあり、古いどころか、その新鮮さに、改めて驚くばかり。

暮らしが少々便利になったぐらいで、「今の方が人間、進んでいる」などと、つい誤解してしまいがちだが、古典を読むと、「いや人間、いつの時代も全く変わらない」ということを、いつも必ず思い知らされ、我に返るのが何より心地よい。

「人間みな同じ」——当たり前のことだが、観念で判っているのと、実感で読むのとは違う。『徒然草』を読んでも『枕草子』を読んでも、今と全く同じ様な人間が登場するので、見回して、周りの人間に重ねたりしながら二重の楽しみ方もできる。もちろん自らの姿も見つけ、反省したり、励まされたり……の何という楽しさ。

ますます古典が手放せない

千年の時が流れても、人は変わらないというメッセージは、あたふた慌ただしい我が身を楽にさせてくれる。先を見て分かりにくい事も、千年が教えてくれる。

『和泉式部日記』は二人だけの恋物語だが、『源氏物語』に至っては、その登場人物は四百五十人ほど。主要人物だけでも五十人以上。全編ラブストーリーだから、その恋の形から生き方まで、探せばどこかに自分がいるし、友だちの姿も見つけることができる。若い人こそ今、楽しんでほしいものである。

ドラマティックな六条御息所《ろくじょうのみやすどころ》や、その怨霊にとりつかれて儚《はかな》く命を落とす夕顔。主体的に生きる朧月夜《おぼろづきよ》。身のほどを知り、慎ましく処す明石君《あかしのきみ》。才色兼備、人柄も慕われる紫上《むらさきのうえ》。家庭的でほっとする存在の花散里。美しくはないが惑わされず一筋に生きる末摘花《すえつむはな》。……あげればきりがない。その一人ひとりの女性を通して、時を越えて変わらない人間の姿が、みずみずしく描かれている物語。

ダンテやシェークスピアよりはるか前、二十代の紫式部によって書かれた世界に誇る長編小説。どの時代の人々をも惹きつけ、今も、誰もがその大きさを知っているのに、なかなか手にしないことのもったいなさ。

知識として古典を読むのではなく、例えば現代語訳からでも親しみ、ざっくりと息を重ねて読み進めていくと、いつも変わらない人間の姿が、時間に関係なく、浮かび上がってくる。千年であろうと、二千年であろうと、人は変わらないと実感すると、生き馬の目を抜く様な日々の中にあっても、心が柔らかくなり、何だか、自然にたっぷり謙虚になれる様な気がしてくる。

面白くなった所で、すぐ原文を見ると、読みづらかった古典がぐんぐんと近くなる。さらに読み続けると、日本人の魅力の原点が行間にも感じられる様になる。

だから私は、どうしても古典が手放せない。時間に追われ、時間を切り刻み、時間の枠の中で仕事をしていく放送局の中にあって、一秒一秒大事にしながらも、一方で、人間に合わせた、たっぷりした大きな時間の流れに私自身を置きながら、今までやってこられた様な気がする。

メッセージの根源にあるもの

幸せのメッセージを探したい、語りたい

その名も可愛いポプリ。町のあちこちで最近よく出会う。飾られているポプリ。売られているポプリ。

乾燥させた花々に、匂いを調合したオイル状の液体を振りかけ、花と香りを楽しむ暮らしは、もともとヨーロッパのものだが、そのポプリを日本に初めて紹介し、広めたのが、エッセイスト熊井明子さん、ポプリの第一人者である。

十代のころ読んだ『赤毛のアン』の中に出てくるポプリに惹《ひ》かれ、長い間拘泥《こだわ》って、調べているうちに、いつの間にか一生のテーマになったと言う。

『赤毛のアン』が初めて日本語に翻訳された昭和二十年代、まだテレビも普及していなく、娯楽も乏しい時代にあって、主人公アンは当時の少女たちの心を瞬《またた》く間に捉え、夢と希望の

魔法の粉を振りかけてくれたのである。その後もアニメになったり、相変わらずアンは親しまれ読まれ続けているが、当時の少女たちに与えたインパクトを越えることはないのではないだろうか。

私も全く熊井さんと同じ年代、アンの虜《とりこ》になった時期があった。しかし不思議なことに、ポプリが作品のどのあたりにどんな風に語られていたのか、そのかけらさえ記憶にないのである。

私は、読むこと書くことが好きな文学少女アンの一言一言に耳を澄ませ、特にアンが人前で朗読する時など、一緒にドキドキし、上手くいけば我がことの様に喜び、文学の道を選ぶアンに重ねて人生を考えたりしたものだ。

熊井さんとは番組での初対面であったが、同時期に、同じ年齢で、同じ様に接したアンの中から、熊井さんはポプリを、私は朗読や言葉をメッセージされ、それがそのまま今に繋がっていることの人生の不思議さを何十年もたった今、改めて味わったのである。……何をメッセージされ何を捉えるか。

人生はメッセージ探しの旅の様な気がする。学校でも、先生は教室という同じ空間で、同じ言葉、同じ内容の授業をするのだが、子どもたちのメッセージの捉え方は様々。何かを捉える子、全く素通りする子。

何を捉え、何を見逃すか……その事がその後の人生にも大きく係わる様な気がするし、さらに世の中の様々なメッセージの中から何を感じ、何を捉えるか、その感じ方、捉え方こそ、その人の生き方そのものの様な気がしてならない。

言わずもがな、人間だけでなく、動物や植物、自然や自然現象、世の中に存在するすべての事や物には、必ずメッセージがあり、それにどう気づき、それをどう読むか、読んでどう自らの生き方の美学、哲学にしていくか、していけるか……問われるところなのであろう。

私自身、ずいぶん長い年月、人生の旅をし、その間、多くの事々を読み誤ったり、見逃したりしてきたものであるが、そのマイナスの旅も含めて、歳《とし》を重ねるということは、様々なメッセージに触れることが出来るかけがえのない幸せな時間の長さなのかもしれないと思うのである。

どんな事にもメッセージがあると思うことは、人生を楽しくさせ、前向きにさせる。そして、メッセージが探せて、読みとれれば、子どもたちは暴走したり、自らの心身を傷めたりしない様な気がするのである。何故なら、世の中の事すべて、事件や事故、貧困や病《やまい》、戦いや死でさえ、「人間とは何か、どうすれば幸せに生きられるか」のメッセージを根源に忍ばせているからである。

ましてや、日常の暮らしの中には、きりのないほどの、生きるメッセージが溢れているはずである。折角生まれてきたのだから、そのひとつひとつを、出来うる限り、味わいたい。

生まれてきて良かったね

百五十億光年という気の遠くなる様な宇宙の歴史。その中でやっと四十六億年前に地球が生まれ、生命の誕生は三十八億年前、微生物は二十七億年前。その後長い長い時間が過ぎ、明石原人や葛生《くずう》原人が暮らしていたのが五十万年前。縄文の草創期が約一万年前。紀元前後六百年にわたる弥生時代。古墳時代、奈良や平安、多くの時代を経て、今、やっとやっとやっと生まれてきたということ。

「世の中大変なんだ。そんな事では生きられないよ」と子どもたちのお尻を叩くより、「気の遠くなる様な時間の流れの中、大変な確率で、今やっと生まれてきたんだよ。生まれてきて本当に良かったね」と大人は心をこめて子どもたちに伝えたい。

そして、生まれてきたために、地球上の様々なメッセージに触れることが出来る幸せについて、なお語りたい。

更《さら》に多くの事や物の中からメッセージを読むことの有難さとうれしさを伝えたい。

「そんなことに拘泥《こだわ》るのでなく、人間、大きな夢と高い理想こそ必要」と言う人もあるであろう。しかしそれは、言わずもがな突き進む力に対して決して反するものではないはずである。

人は苦しむために、また喜び少ない日々を過ごすために生まれてきたものでもない。幸せであることの実感こそ、かえって人を強く優しくするのではないだろうか。自らの幸せが実感出来れば、人は人を傷つけることも貶《おと》めることもなく、またたとえ傷つけられ貶められても乗り越える力を持つことが出来るに違いない。

「それはやはりあまりにもささやかすぎる幸せ」と言う人もあるであろうか。でも政治も経済もたとえ難しそうにみえても、その究極の願いは、ひとりひとりの人間が、幸せに暮らすための取り組み以外の何物でもないはずである。

「生まれてきたというだけで幸せなんて、消極的すぎる」と言う人もあるであろうか。でもその喜びが実感出来ないために、多くの子どもたちが、哀しくも非行に走り、いじめに遭遇し、命の危機に晒《さら》されているのではないだろうか。

あまりに当たり前で易しすぎるため「生まれてきて良かったね」のメッセージを、大人たちはなかなか子どもに伝えられない。

また、生まれてこなかった方が良かったと苦しむほどの状況も世の中には悲しいかな多くあるものだが、光や土や水、雨や風の自然現象、草木や花々、大小の動物たち、人の温かい手や笑い声、そしてそこからの千変万化のメッセージに触れることの喜びは、その気になればすべて平等に手に出来るはず。

……長く人生の旅をしてきた大人たちは生きていることの幸せのメッセージこそ子どもたちに伝える役割があるのだと思う。

どこまで読み込めるか

読むことの怖さと魅力

「書くこと」に比べて、多くの人は、「読むこと」は易しいという。

書くという作業が内に向かっていくのに対し、声を出して読むということは、外に向かって発散の形をとる分、そう思うのかもしれない。しかし、健康的で一見易しい部分を見せながら、読むことの魔物《まもの》にも似た怖さと魅力を、放送の仕事という長い言葉の旅の中で、いつも強く思い知らされてきた様な気がする。

ドキュメンタリーのナレーションについて、某ディレクターはこう言う。

「掘り下げ、積み上げ、万感の思いでここまで作り上げてきた番組だが、ああ自分がやってきたのは、こんなにもちっぽけなものであったのだろうかと、読み手（ナレーター）によっては泣かされたり、また同じものでも、読み手によっては、想像以上に、番組が深く、厚く、大きくなって喜ばされたり、一喜一憂。……どう読まれるか、怖さと期待で、いつも、ドキドキする」と。

言わずもがな、同じ内容でも、どう読むかで千変万化。それは属人的なものだけでなく、その時の体調や環境でも微妙に変わる、正《まさ》に魔物の様な読み（ナレーション）という行為。読む方も読まれる方もそれが充分判っているだけに何とも怖く、そして何とも魅力的な仕事なのである。

かといって、過ぎれば見苦しく、足りないも同然の恥ずかしさ、虚《むな》しさ。

「読む」ということは、ただ内容をしっかり捉え、自分のものにして、正確に音声表現するだけでなく、番組の意図は勿論のこと、演出の思いを読み、映像や音声の心を読み、その中でどう表現できるか、ナレーターとしての自らの力も読み、さらに全体のバランスを読みとりながら仕事をしていかなくてはならないものである。

どう読むか、どう読めるか

放送は一人の仕事ではなく、ディレクター、カメラマン、音声技術者、その他複数のプロの力で成り立っている。それぞれのプロ性で番組を厚く大きくしていくもの、何かが過ぎても足りなくてもバランスが崩れて見苦しくなる。たとえナレーションが上手くいき、番組に何らかの付加価値をつけることができても、あくまでも自然に感じられなくてはならない。過ぎて虚しく、足りなくてもどかしい……厳しい世界である。

私自身、読むということを、「読み（ナレーション）」という形で、それだけを切り離して考えたことは、いまだかつて無い。

「読む」ということは、辞書によれば「声を出して、文字や文章を読む。目で文字や文章を見て、意を解きゆく」という易しい行為を意味する言葉でもあるが、当然のことながら、もう一方で「ひとの心を読む。人生を読む。時代を読む。成り行きを読む」等々……洞察の意でもある。

後者の意味でどこまで読み込めるか。その読みがそのままナレーションの深さ厚さ浅さ等々となって、人々の耳に届いてしまうのである。どこまで物事の心が読めるか。そしてどこまで表現できるか。プロとして問われることである。

どう読むか、どう読めるか……その人間が露呈してしまう怖さ。放送の仕事の中でインタビュー、司会、リポートなどに比べて「読むだけ、ナレーションだけなら易しい」と誤解する人もいる。

しかし読む、ナレーションをする、朗読をするということは番組のテーマ、内容、演出、出演者などに頼り隠れることが出来ないだけに、そのまま自らの力を曝《さら》さなくてはならないきびしさと苦しさがある。

それだけに難しく、そして魅力ある仕事と考えている。

自分探しの『論語』

「法隆寺の天女たち」

井上靖さんにインタビューしたのは、亡くなられる少し前、平成元年の秋のことであった。昭和二十四年の火災で法隆寺金堂の壁画は焼けてしまったが、内陣天井の小壁画は無事に保管され、長い間、我々の目に触れることはなかった。

平成元年、初めて公開され、あの美しい「飛天《ひてん》（天女）」に逢えたとき、私が当時担当していた美術番組の中で井上さんが「法隆寺の天女たち」と題して語ってくださったお話の、温かく、洗われる様な清涼感を忘れることができない。

「遥か中国、楼蘭《ろうらん》の空を舞う天女たちが、裾をなびかせ、宙を駆《か》け、日本にやって来て、そのままの姿で、あの時代からずっと壁画の中にとどまっているのですよ」

と、斜め上の空《くう》を見つめられたその目に、にじむ光るものを感じて、私の胸は高鳴った。

書かなくてはならないものを書くために、あと十年欲しいからと、食道の手術に踏み切られ、最晩年の傑作となった『孔子』を出された直後であった。番組終了後、優しく差し出された『孔子』は、その時の空気とともに私の宝となった。

NHK入局当時から、文学系の番組を担当することが多く、中でも幸いなことに、様々な古典を読む機会に恵まれた。長年読み続けているうちに、「何より身近な古典」と呼べる様になってきたのが嬉しいのだが、井上さんの『孔子』に魅せられ、改めて読みだした『論語』は、その思いにさらに拍車をかけてくれるのであった。

孔子の生きた紀元前五百年といえば縄文時代

この夏、私は商売道具でもある舌を、小さな腫瘍のため手術したが、心配はないと言われながらも、元に戻るのだろうかといささか心は逸《はや》った。抜糸までの間、放送の仕事は休んだので、ゆっくり好きな本をまとめて読もうと思っていたが、なぜか古典以外は手にする気にならず……結局、いつまでも離せなかったのは、古典ではないが井上靖さんから戴いた『孔子』と、いつも手元にある『論語』。

渋沢栄一氏の『論語講義』を東京大学名誉教授の竹内均氏が解説した『孔子　人間、どこまで大きくなれるか』（三笠書房）。そして上毛新聞の井上新甫さんが読本としてまとめた『陽明学読本』（王陽明の陽明学は孔子の正統を継ぐといわれる）。いずれも孔子にかかわる書籍であったのは、私の中の何がそうさせたのであろうか。

『論語』は紀元前五五二年（一説には五五一年）に生まれた孔子が、弟子たちに伝えた詞《ことば》であるが、その一言一言が二千五百年たった今もそのまま、私自身や周りの人々、世の中の事々に重ねて思え、古臭いどころか、ますます現代的に、生き生きと語りかけてくれるのである。

紀元前五〇〇年と言えば、日本では縄文時代。しかし、人力から原子力に時代は進んでも、人の心は全く変わらないということの新鮮な驚きは、我々を謙虚にさせてくれる。

『論語』を物差しにした人々

『万葉集』や『古今集』、『源氏物語』や『平家物語』、『枕草子』や『徒然草』、芭蕉や西鶴……日本の多くの古典からも、「人間はいつの時代もまったく同じ」というメッセージが聞こえ、「今を生きる鍵」を渡されるような嬉しい経験をしばしばしてきた。

それもすでに紀元前からいわれてきた「子曰、温故而知新、可以為師矣」（故《ふる》きを温《たず》ねて、新しきを知る……）でもあろうか。

『論語』に親しみ、座右の書とした故渋沢栄一氏は、人生でも仕事でも、どう判断してよいか悩むとき、『論語』の物差しに照らして考えたという。

偏らず、深く、明快にしかもわかりやすく人の道を指し示す『論語』は、いつの時代であっても、日常生活にそのまま応用できる人生の指南書として人々を導いたが、幕末に生まれ、実業家として名をなし、晩年は社会、教育、文化事業に力を注いだ渋沢栄一氏の『論語』の読み方は、ひとつひとつ自身の足跡に照らし合わせ、なお同時代の人々（木戸孝允、伊藤博文、大久保利通、山県有朋、江藤新平、西郷隆盛、大隈重信ら）の生き方にも重ね合わせ、後進へのメッセージとして説得力があり、また楽しい。

「子曰《いわ》く、先《ま》ずその言を行い、而して後これに従う……。大隈重信は雄弁家に違いないが、すべて実行したわけではない。山県有朋は雄弁ではないが、心に思ったことは必ず実行する人だった。能弁で実行家と言えるのは木戸孝允や伊藤博文であろう。言行一致は実に難しいことだ」等々……。

平常の道、そして思いやり

私自身も『論語』の中に自らを見たり、組織の中での周りの人々の様子を重ねて見たりしながら、紀元前も今も変わらない人間の心を改めて思い知らされ、読み進むうち、逸《はや》る心はいつの間にか鎮まり、ゆったりしてくるのを実感するのである。

そして『論語』を通して、人間としての孔子が見えてくる。読む人それぞれにその姿が見えることが、どの時代においても人々を惹《ひ》きつけてきた大きな魅力なのであろう。

「過ぎることもなく、不足することもなく、平常の道を行くこと（中庸《ちゅうよう》）の価値」「文（外面）も質（内面）も過不足なく備えた『文質彬々《ひんぴん》』のバランス」。渋沢氏は温かく大いなる常識に富む孔子にも触れ、それも思いやりの心だと言う。『論語』を貫く精神は忠恕《ちゅうじょ》（思いやり）即ち仁道……。

そして仁道、天命について語る井上靖さんの『孔子』は、天から導く神ではなく、漂い包む大気の様に、手に触れる確かさで近くに存在する、大きなもの。読めば読むほど『論語』と『孔子』がますます結びついて、さらに井上さんご本人とも自然に重なって、また近く深くなるのである。

読む、聞く、話す

「読む」には訓練の上に教養がいる

アナウンサーの仕事は「話すこと」とよく言われる。インタビュー、リポート、ナレーション、司会、その他、いずれの場合も音声表現にかかわるので、最終的には「話すこと」と言っても構わないのだが、私はアナウンサーに問われるのは、「読むこと」「聞くこと」だと思っている。

「読むなんて、書いてあることを読み上げるのだから、多少の上手い下手はあっても、簡単ではないか」と考える人も中にはいる。しかし、書いてある内容をどう表すか……何度も申し上げるが実は、それは、読む人間そのものが見透かされる誠に怖い仕事でもあるのだ。

朝日新聞にある時、永六輔さんが、有り難くもアナウンサー加賀美について触れてくださったコーナーがあった。個人的なことは略して、一般論の部分を引用させて頂く。

「（略）アナウンサーのタレント化が話題になっているが（略）読むという基礎が出来ないアナウンサーは、タレント化せざるを得ないのだ。『話す』という技術は訓練の必要が無いままで通用することが多いが、『読む』ということは訓練の上に教養がものをいう……」

タレントとして、表現・内容とも併《あわ》せ持ち、素晴らしい活躍をされている方々も多いが、「読む」ということの難しさと深さについて、明快に示してくださった記事が忘れられない。

「読む」ということは、「声に出して、書いてあるものを読み上げる」ということではなく、時代を読む、情勢を読む、人の心を読む、内容を読む……など、どこまで、対象や求められていることの中身を読み取ることができるか、そして、我々放送人なら、それをどう伝えられるか、会社なら、どう仕事として実績をあげられるか……ではないだろうか。よく読み取れていれば、余裕もできるので、アナウンサーとしても、過ぎず足りなくもなく、自然で存在感のある仕事が身についてくる様な気がする。何の場合でもそうではないだろうか。

何を削り、何を補うか

「聞く」ということもしかり。「相手に話を聞く」ということは、「インタビューをする。相手から聞き出す」という意味でもあるが、質問して聞き出すというより、私は何の場合でも、

「相手の話をどう聞くか。その心をどこまで聞き取れるか」が、何より問われると考えている。でも、それは決して難しいことではなく、心を凝《こ》らし、無心に耳を澄ませて聞いていれば、世の中のこと、身辺のこと、インタビューする相手のこと、話している相手のことなど、その心が次第に見えてきて、今、自分がどう話し、どう受け答えをすればよいか、自然に判ってくるものである。

「敬語」一つとっても、過ぎたと気がついたら削ればよいし、足りないと感ずればその場で補う。敬語は敬して遠ざける言葉と解釈せず、相手を大事に思う優しい言葉、そしてその気持ちを伝える便利な言葉として捉えたい。

「尊敬語、謙譲語、丁寧語」……いずれも、過ぎれば重苦しく聞き苦しい。足りなければ、人を粗末に扱っている様で愉快でなく落ちつかない。でも相手の話を大事に聞いていれば、自分の何を削り、何を補えばよいか、自然に見えてきて、過ぎず足りなくもなく、余裕で話ができるはず。

聞き美人に会うとほっとする。ただ聞くだけでなく、相手の心に沿っての、程よい相槌《あいづち》の言葉、そして促す質問。「この人は私の話を本当に聞いてくれている」という安堵と嬉しさで、人は、楽に心を開いてくれるものではないだろうか。聞き美人には年齢がないのが嬉しい。勿論、男女の別もない。

聴心力～すべてのものがメッセージを発信している

天才も凡才も

味わう楽しさ、聴き取る喜び

人の話を聞くのが好きだ。仕事がら多くの人々に出会えることの幸せを宝にしてきた。「各界、多くの人々に出会えてうらやましい」とよく言われる。しかし、それを職業の特権の様に、軽々しく嬉しそうに語ることには常に抵抗がある。

我々の仕事は、あくまで、出演者のメッセージを引き出し、様々な番組にして、視聴者に伝えること。公私混同はプロとして見苦しく恥ずかしい。

でも、放送人として、公の仕事の役目を果たしながら、同時に、自らも「人間とは何か」「どう生きればいいだろうか」……生きる上での多くのメッセージを耳を澄ませて聞き取ってきた。

長い仕事道、それが今何よりの宝となっている。

天才と凡才。創造者と享受者。ドラマティックな人生と波風の少ない日常。……特別な才能もなく、世のため人のためにに物事を創造する力もなく、劇的な生き方も出来ず、ごく当たり前な暮らしをしてきた我が身だが、それを嘆かず、身の程を知ることで、これまで、ひた走ることが出来た様な気がする。

美術、音楽、文学、科学……才能に溢れた人々の仕事を味わい、荒波を乗り越え生き生きと人生を生きている人々の言葉に耳を澄ませる。

聞く一方の仕事、受ける一方の暮らしだが、味わう楽しさ、聴き取る喜びがある。……それは作る喜びにも匹敵する享受の至福だと気づきたい。自分一人の狭い人生にこだわるのではなく、無心に自らを開いて聴き取ると、凡才とはいえ、生きている価値を改めて確認することができ、思わぬ力が湧いてくる。

自分だけの力ではない

「自分以外の大きな力を受けて生きる」ことの大切さは、天才の言葉の中にもしばしば窺《うかが》えて励まされる。

世界的に有名な画家、横尾忠則さんに私の担当番組でお会いした。宇宙、霊、夢、インスピレーションの世界。観念を離れた魂の自由さ……。横尾さんの芸術はエネルギーに溢れ国を越え人々を惹きつける。

「自分の力だけで踏ん張っている状態はアートにとって不幸せである。大いなる何かが私に作らせている。自分を越えた力を味方につけることは自我がありすぎるとできない。私が自分が……と拘わりすぎるとできない。自分の限界を知り、何か大いなるものに、無心に身を委《ゆだ》ねるとき、普遍的な仕事が出来るのではないか」とおっしゃる。

個を越えることから生み出される横尾忠則さんの作品の魅力。天才も凡才も、人間みな同じなのだというメッセージが嬉しく聞こえてきた。

過ぎて虚しく、足りなくてもどかしい

聞ききれない反省

俳優の児玉清さんと熊谷真実《まみ》さんをお迎えして、生放送の旅談義をしていた時、思いがけず熊谷さんが「このNHKの近くに国木田独歩《どっぽ》の碑を見つけたんですよ！」とおっしゃった。

私はあまりの嬉しさに……（というのは、殆どその碑に気づく人が今やいないので）話をそのまま自分の方に引き寄せ、「そうなんですよ。このあたりに独歩は居を構えて辺りを散策し、その思いをかの有名な『武蔵野』に書き表したんです。賑やかな渋谷も、かつては、大根畑や雑木林があり水車も回っていた村でした」と途中から取ってしまい、「児玉さんも国木田独歩をよく読んでいらっしゃるそうですね」と読書家の児玉さんに、アナウンサーの習性で話を廻《まわ》してしまった。

せっかく記念碑を嬉しく見つけ、その気持ちを伝えたかったに違いない熊谷さんの話に耳を澄ますことなく、番組を進行させた悔《く》いはすぐやってきたが、生のスタジオはそのまま、勢いで他の話に流れていく。決まった時間の中、取り返しはつかない。私が話すより、初めて見つけた初々《ういうい》しい思いを熊谷さんから伺った方が、番組としても、私としても、遥《はる》かに嬉しいことだったのに、とうとう聞けずじまい。それを逃《のが》した聞き手としての恥ずかしさ……。番組そのものは、決して失敗でもなく、楽しく進んだのではあったが、聞ききれなかった自らへの悔いは大きかった。

仕事がら、こんな反省をしばしばする。こちらの言葉が多過ぎて相手から充分話が聞きされない。言葉が少なすぎても相手に届かず、やはり折角の話が聞けない。私も含めてよくある風景だ。仕事でも、日常でも、何の場合でも、過ぎて虚《むな》しく、足りなくてもどかしいのが言葉ではないだろうか。

過ぎては抑え、足りなければ補う

足りないと、悔いがのこるが、過ぎればもっと虚しく恥ずかしい。程よくということは、かなり力のいることである。

また、親子でも、夫婦でも、友人でも……。家でも、学校でも、仕事場でも……。何かが過ぎて諍《いさか》いが、何か足りなくても諍いが起き、何かが過ぎては誤解が生まれ、足りなくてまた誤解が生じる。人間の歴史はその限りない繰り返しの様な気がする。

「そんなこと気にせず、思い通り言葉を発し、誤解も諍いも厭《いと》わず、自由に生きればよいではないか」という声が聞こえてくる。でもその力も才能も無い私など、結果は火を見るより明らかである。耳を澄ませ、相手の様子や言葉を大事に聞き取り読み取り、自らを見つめ、計《はか》りながら、慌てずゆっくり歩いていきたい。そして過ぎては抑《おさ》え、足りなければ補う。

自らにゆとりがないとなかなか耳を澄ませられないが、何が過ぎて何が足りないか……それが見えれば、怖いことは何もない。よく耳を澄ませていると大概《たいがい》のことは自然に乗り切れるし、さらに、人生のメッセージが想像以上に聞こえてきて何より嬉しい。

石の声が聞こえる

石がすべてを教えてくれる

人の倍もある高さの石の上で、立ったりかがんだり、座ったりまたがったりして、鑿《のみ》を自在にふるっているのは浅賀正治さん。四十歳を過ぎたばかりの石の彫刻家である。

「この石は？」と聞いてみたら、七千五百万年前、恐竜時代の石だという。石としては、まだ若いものだそうだ。そういえば、触ってみたら本当にまだ初々しい感触が手に伝わってくる様な気がして不思議だった。

長い間、静かに眠っていた石は、浅賀さんによって、ようやく目覚め、人々の中に生きることになるのだ。石彫の行き先は、土浦市の公園だと言う。

立って、石に向かうのでなく、石の上に乗って作業することについても聞いてみた。「ヨーロッパ人は何故か、ほとんど地面に足をつけて、大きな石に向かって鑿をふるい、日本人は何故か、昔から石の上から鑿をふるう」と浅賀さんは、その師から伝え聞いていると言う。
頑強な石に平行に身を置き、立ち向かうヨーロッパ人の姿勢と、石に身をすべて預け、石と一緒になりながら、問いかけながら、石を動かしていく日本人のあり方が見えてくる様で、面白い話だった。

しかし、石を割り、刻む道具は、日本もヨーロッパも少々形が違うだけで、今も昔も原始時代も全く同じだと言う。古今東西「鑿と槌《つち》と楔《くさび》」、形も大きさも誠にシンプルな道具だけで、人々は石を刻み続けてきたのだ。大きな硬い石なのに、そんな少しの小さな道具だけで扱えるというのも、何だか石の心が見える様な気がして私は惹かれた。

石は見事に強いのに、「石の目」を見つけ、そっと楔を入れると、いとも簡単に身を割ってみせてくれると言う。石の上に乗り、身を任せ、声をかけてみると、石の刻み方も石の方から教えてくれると言う。

無理に取りかかるのではなく、自分勝手に彫り進むのではなく、そっと石の具合を聞きながら鑿を振り下ろしてみると、「そこは、ほら違うだろう。それでは駄目だろう。ほら、それなら巧《うま》くいくだろう。力を入れなさい。抜きなさい。息を合わせてごらん。疲れたろう、もう休んだらどうだ」と話しかけてくれるそうだ。だから心配しなくていい。石の上に座って、石と対話出来ていれば、だんだん、石の刻み方が巧くなると言う。

「長い時間かけて、石がすべて教えてくれる」と浅賀さんは言う（我々は、つい経験という言葉に代えて自分の行為にしてしまいがちだが）。そのメッセージが聞けるかどうかで、技や心が決まってくるのであろう。

石の優しさと温かさを引き出す

石といえば合言葉は木。木との一体感はいつもあるのに、石、特に大きな石は何だか、かけ離れた存在と感じてしまうのは私だけであろうか。時には、その後ろに身を隠し守ってもらいたい時もあるが、多くは、石の様に冷たく、歯が立たなく、聳《そび》え、びくともしない、という表現が日常使われる様に、石との一体感はどうも持ちにくい。地震国の歴史が石を近づけなかったこともあろうが、我々日本人の優しさは、石より、しなやかな木の方に多くなじんできた。

でも石は、もろいところもあり、優しく深く、さらに言わずもがな、永遠の象徴でもある。その石に一生を託し、浅賀さんは石の上に座り続けてきた。そして生み出したその作品はカエルもナマズも子どもも、具象も抽象も数多くあるが、とにかく丸く温かい。側に行くと、ほら触ってごらんと石の方から近寄ってくる。

思わず手を出し、寄り掛かり、腰かけたくなる。丸く、もっこり、ぽっこりした形が手のひらに吸いついてくる。何と近しげに！　そして何という不思議な優しさ。だから、どの作品も引っ張りだこである。

……石の優しさと温かさを引き出したい。触ってもらいたい。何千年も生き続ける石のメッセージを酌《く》んでほしい……と生みの親浅賀さんは言う。時代を超えて生きる石への賛美が浅賀さんの笑顔を丸くする。優しく大きな仕事だ。

浅賀さんが生き、石が生きている。石の彫刻はリズムとタイミングだそうだ。そして相手に合わせ、妥協していくのだという。妥協はよほど力がないと出来ないこと。石から教わった自信のほどが伺えて、うれしいメッセージであった。作品の丸さと同じ様に丸い作者の笑顔が忘れられない。

『小さな旅』という番組で訪ねた茨城県岩瀬町（現桜川市）での出会いであった。

捨て石が自分で変わる

岩瀬は昔から石の町として知られている。多くの石が切り出され、建材として各地で役目を果たしている。岩瀬の人々の暮らしを支えてきた岩瀬の石。

でも一方で、「石の様に捨てられる」という言葉もある。建材になりきれない多くの石たちは、ここでも捨て置かれ、運び捨てられもしてきた。捨てられた大きな石が気になり、いとおしく、たくさん持ち帰って庭石にして大事に育て上げたのは、岩瀬にある名刹《めいさつ》天台宗月山寺のご住職、光栄純秀さんである。

地元の御影石は、白すぎて庭石には向かない。常識がないと言われたそうである。でも持ち帰って庭石として据《す》えたら、どの石も、石の方から変わってきたと言う。捨て石でなく、大事な石として扱われているうちに、自分は庭石だという風格を出し始め、寺の雰囲気に自らを合わせ、そのうち周りの木々も、石に合わせて、春夏秋冬の営みを添え、自然に見事な庭を造ってくれ、訪れる人々を喜ばせているのである。

石は本当に生きている、とご住職は語る。二十代で捨て石を庭石にしようと試み、その後二十数年。初めは、おどおどしていた石が、みるみる生き返り、庭石として扱われているうちに、自然に自ら見事な存在に変わってきた様子に、ご住職は目を細められる。

「まして人間をや……」というメッセージが、優しく伝わってくる、石の町の冬の午後の庭であった。

詩人の声を聞く

赤城おろしはひゅうひゅうたり

故郷《ふるさと》は遠きにありて思うもの／そして悲しくうたうもの……

室生《むろう》犀星《さいせい》の詩集『抒情小曲集』に収められた「小景異情・その二」の冒頭の一節は、多くの人々の心を捉え、あまりにも有名である。

故郷金沢も東京での生活も虚しく寂しく、魂の故郷を求めて彷徨《さまよ》う若き日の犀星の切々たる哀傷が詩《うた》われているが、読む者ひとりひとりの胸に、それぞれの思いを引き起こす普遍的な詩となって、一人歩きしている。

流浪の長旅に疲れた犀星が、群馬県前橋に住む萩原朔太郎を訪ねたのは、大正三年（一九一四年）のこと。

前橋駅プラットホームでの出会いは、片や貧しい旅姿、片や半外套にトルコ帽の洒落た恰《かっ》好《こう》であったという。

当時まだ無名の二人の詩人は、その前年より手紙のやりとりをし、心を寄せ合っていた。「此《こ》の友のいる上野国《こうずけのくに》や能《よ》く詩にかかれる利根川の堤防なぞを懐しく考へるやうになったのである。会へばどんなに心分《こころもち》の触れ合ふことか。いまにも飛んで行きたいやうな気が何時も瞼《まぶた》を熱くした。この友もまた逢って話したいなぞと、まるで二人は恋しあふやうな烈《はげ》しい感情をいつも長い手紙で物語った」と、犀星は朔太郎の第一詩集『月に吠える』の序文に書いている。

故郷金沢脱出の苦しい旅であったが、終生の友となる朔太郎と語らいながら、三週間ほど前橋に滞在し、流れる様な十六編の詩を生み出している。

宿は利根川河畔に近い所であったという。

風吹きいでてうちけむる／利根の砂山、利根の砂山／赤城おろしはひゅうひゅうたり／(略)／君の名をつづるとも／赤城おろしはひゅうとして／たちまちにして消しゆきぬ／

前橋は詩の故郷、詩の都といわれる。萩原朔太郎を訪ねて前橋に集まってくる詩人たち。また、前橋で生まれ育った萩原恭次郎、高橋元吉、横地正次郎、伊藤信吉はじめ多くの詩人たち。朔太郎は大正十四年（一九二五年）四十歳で上京するまで、ずっと生まれた地で過ごしている。

東京での生活が破綻《はたん》し、朔太郎が再び故郷に戻っていたころ、草野心平は一家で前橋に移り住み、昭和三年から約三年を前橋で暮らしている。上州という言葉の響きに惹《ひ》きつけられたという。

「……赤城、榛名、荒船、そして浅間、初めて見る上州の景色は見事だった。旅でなく、私は前橋に住もうと咄嗟《とっさ》に決めた。……」

壮絶に苦しい暮らしであったが、この時期、ガリ版の詩誌『学校』を創刊し、詩集『明日は元気だ』をまとめた。

……そして、「『風邪には風・赤城颪《おろし》にむかってブンブンブランコをふって暖をとった』とか『利根川にツップして水を飲む。ドクドク飲む』とか、貧乏と生命力と詩的情熱とが一つに燃焼するような詩を作った」と伊藤信吉氏は記している。

天下は実に春で。／雲はのぼせてぼうっとしているし。／利根川べりのアカシヤの林や桃畑の中をあるき。／おつけのおかずになづなをつみ土筆《つくし》をつみ。（略）

日本の代表的な詩人としての草野さんの活躍は、誰もが知っていることだが、伊藤さんは、「前橋時代の作品が一番良いと思う。前橋時代の草野さんは純粋人間。前橋であいう人は他に見たことがない。貧乏も強烈。詩も強烈。存在も強烈。うまさから言ったら、後の方がうまいけれど……」と言う。

耳を澄ませば聞こえる詩人の言葉

何故、ここで私が草野さん、伊藤さん、とさんづけで書き出したか……それは生前の草野心平さんに何度もお会いする機会があったり、また、九十歳を越えて益々《ますます》お元気な伊藤信吉さん（平成十四年に亡くなる）とは、放送の仕事を通して以前から折にふれてお会いし、さらに同郷でもあるので、つい親しい近しさで語ることをお許し頂きたい。

伊藤さんは、十八歳の時、朔太郎と出会い、犀星とも、草野さんとも親しい。伊藤信吉さんには自らの詩集の他に夥《おびただ》しい詩論があり、その中には縁《ゆかり》の詩人たちが次々登場する。詩の故郷「前橋」を語れる人は他には居ない。

伊藤さんが九十歳を越えた年の冬、私もいっしょに前橋市を歩いた。松林が美しい利根川沿いの敷島公園。街の真ん中を豊富な水量で勢い良く貫く「広瀬川」。

ある時はひとりで、またある日は連れ立ち語り合い、上州の風の中を散策した詩人たち。その同じ場所を歩くと、そして立ち止まると、彼らの声が聞こえ、様子がそのまま見えると伊藤さんは言う。

広瀬川白く流れたり／時されぱみな幻想は消えゆかん。／われの生涯を釣らんとして／過去の日川辺に糸をたれしが／ああかの幸福は遠きに過ぎ去り／ちひさき魚は眼にもとまらず。（萩原朔太郎）

上州群馬の県庁所在地、前橋。街の様子は時の流れに沿って、人の営みに沿って、自然に変わるのが世の常。前橋も変わった。でもこの街の背景にある赤城はじめ周囲の山々も、吹き下ろす空っ風も変わっていない。利根も堂々としている。街の真ん中を流れる「広瀬川」も、相変わらず豊かで、濁っていない。

前橋で暮らし、前橋で詩い、前橋を詩った詩人たちの息づかいが消えない様に、詩われた自然を損なわない様に、前橋の人々は、詩の街づくりをしている。

だから、かつてと変わらない広瀬川にかかる橋の上に佇むと、伊藤信吉さんには、今は亡き詩人たちの声が鮮烈に聞こえる。姿が見える。

水が流れる。／河風が流れる。／波立って思いが流れる。／……（略）／渡ってすこし先の方にいた彼。／渡ってすぐ左に折れた所にいた彼。／渡らないで手前を右に行った所にいた彼。／みんなはるかだけど。／あはれ、昔を今に九十歳の私がここを訪ねて。／橋のほとり。／流れのほとり。／人の世のほとり。／思いを河風にさらしてる。（伊藤信吉）

幼い時過ごしただけの上州は、私にとっては、まさに「遠きにありて思うもの」なのだが、何時《いつ》の時代も、その時代の山河と心を詩う詩人の言葉に、私は強く深く静かに惹かれるのである。

心に届く声

伝統の声を聞く

懐《ふところ》に跳び込んでくる「力のある声」を久しぶりに聞いた。明快で自然で重さも程よく、受ける心にぴたりと納まる。

女性狂言師和泉淳子《いずみじゅんこ》さんの清々《すがすが》しくも、堂々たる芸の声だ。

先日、友だちを誘って、千駄ケ谷にある国立能楽堂に、和泉流の狂言を観に行った。彼女は「狂言は初めてだし、難しくて眠ってしまったらどうしよう」と心配していたが、舞台が始まるや、身を乗り出し、何とも自然に声をたてて笑いだした。その姿につられて私も気持ち良く楽しむことができた。

約六百年の歴史を持つ狂言だが、もともと、人間の当たり前の日常を描いているものなのだから、判らない筈《はず》はないのである。大事に受け継がれながら様々な時代の風の中を一筋歩んできた、誠にシンプルで厚みのある𠮷々ヨ本人の芸能。無心に受け止め耳を澄ますと、磨き上げられた言葉と仕草から、今も昔も変わらない人々の心がそのまま伝わってきて、その新鮮さを改めて思い知らされる。

淳子さんは和泉流十九代目宗家和泉元秀《もとひで》氏（故）の長女。長い歴史の中で、女性がプロとして狂言の舞台に立つことはなかったが、平成元年より、初めての女性狂言師として妹の祥子さんと共に魅力的に活躍されている。

日本史上初、そして美人の狂言師として騒がれているが、その全身から滲《にじ》み出る芸の迫力は男性とか女性とかに関係なく、胸にしっかり届く声によって、観客をぐいぐい惹《ひ》きつけて放さない。

大きくたっぷりした声、幅のある声、透き通る声、響く声、艶のある声、等々、声を讃《たた》える言葉は沢山あるが、それらを越えて深く厚くしっかりと心と耳に届く声がある。

声に託された言葉と技

舞台と客席の空間に、過ぎることなく、足りなくてももどかしいことなく、聞く者の懐にぴたっと届く声……。声は言葉を乗せ、言葉は物事の内容と心を乗せるもの。従って声は声だけでは成立しない。人間の在《あ》り様《よう》すべてを見せてしまう。

三歳が初舞台。父元秀氏から鍛えに鍛えられたというが、それだけではないであろう。空間を読み、人との距離を読み、自らを計《はか》り、的確に相手に言葉と心を届けることは、人間としての余裕と優しさがなければ、なかなかできないと思う。

淳子さんの声は、余分なざわめきを乗せずに、ストレートに狂言の言葉と内容を伝えてくれる。だから耳を澄ませさえすれば、初めての狂言も、そのまま楽しめる。

女性が舞台に立つことを拒み続けた六百年……。しかし真髄《しんずい》を伝え続けた芸の道は、その分男女に関わりなく極めることができる普遍的なものを作り上げてきたのかもしれない。

声に託された言葉と技を、思う存分味わえる狂言。そして女性の登場によってさらにその世界が、近くなった様な気がして嬉しくてならない。

一度失くしたら、元に戻らない

人はいつも旅の中

小さな旅、大きな旅、心旅、人生旅……人はいつも旅の中。

『小さな旅』という番組を四年間担当したが、同じ町も、村も、同じ横町も言わずもがな、季節により時間により違う顔を見せてくれる。ましてやそこに暮らす一人一人によって、土地の風景は常に千変万化の表情を覗かせてくれる。さらにこちら旅人の捉え方、描き方によって、映像の雰囲気と心は、また微妙に変わってくる。従って旅の数は限りない。

人はいつも、意識している時もいない時も小さな旅を続けている。だからなのであろうか、出会うほとんどの人たちから不思議なことに「いつも『小さな旅』見ていますよ」と声をかけられる。もしかしたら見ていないかもしれないのに、何だか何時《いつ》も見ている様な気分になる番組であったのかもしれない。

決してドラマティックに人々は登場しない。ごく自然に、さり気なく、日々の暮らしを語ってくれる。でもその生き方に心惹かれるのは何なのであろう。ごく当たり前の風景なのに、季節や時間、捉え方によって改めて目を見張らせ、輝く一瞬がある。

「そういえば、うちの近くにも、ああいう人が居る。あんな風景がある」「昔、どこかで会った様な人。何だか懐かしい風景」……多分人々は自分に重ねて、番組の中で「小さな旅」をしているのかもしれない。

ドラマティックではないけれど「生きていくことはこういうことかもしれない」と、旅をしながら私自身もいつも励まされ、思い知らされた。静かに、でも生き生きと暮らしている人々の様子から多くのメッセージが聞こえてくる。

メッセージをどう聞くか

……ある時、埼玉県大宮市（現さいたま市）近郊のある農家を訪ねた。

朽ちかけた茅葺《かやぶ》きの屋根、崩れかけた土壁、かしいだ柱。にもかかわらず少しも見すぼらしくなく堂々とした風格を備えているのは、風雪に晒《さら》されて、耐え抜いてきた家の歴史がそのままその形に現れているからであろうか。

その家の主《あるじ》は、新しく建て替えたくないと言う。新しいことだけが良いことではないのだからと。家だけではない。辺りを見ると、今は使っていないが、かつて大切な役目を果たしていた古い農機具などが、しまい込まれず、邪魔にならない所で、そのまま、息をしているのだ。納屋の天井にはお祖父《じい》さんやお父さんが使った馬の鞍や麦打ち機が当時の姿のまま下げられ、蔵に入るとすぐ石臼、田下駄《たげた》、糸紡ぎ機、木の鋤《すき》等々、みんな見える所に置かれている。

「資料館などに、隔離保存はしたくはない。家の奥にもしまい込みたくない。使われていた暮らしの中に、そのままそっと置いておきたい。畑や田んぼを守ってきた父母、祖父母、その前の代の人々に繋がる物たちなのだから」

「農作業も変わって、ほとんどの家は、古い農機具などは処分してしまったけれど、先代、先々代やその前の代が、土地と作物に一生を捧げたその証《あかし》を、大事にしておいてやりたい。そして時々見ながら、自分もその気持ちを繋いで、畑や田んぼを守っていきたい。一度壊したら元には戻らないし、物の形が無ければ、自然に忘れてしまう。それでは何だか先祖がかわいそうだ」と主は言う。

処分された多くの物、多くの証。田んぼも少なくなった。自然もだんだん消えていく。何でも一度失くしてしまうと、元には決して戻らない。……胸がちくちく痛くなった。私自身も何と多くのものを失くし、何と多くの事々を忘れ去ってきたことか……。

古い家や昔の機具からのメッセージを大事に捉えて、静かに堂々と暮らす農家の主の言葉が忘れられない。さらに、そこからは生きる上での大きなメッセージが聞こえてきた。

人々の暮らしにはメッセージが溢れている。気づくか、通りすぎるか、どう捉えるか……メッセージの捉え方はそのままその人間のあり方生き方を表すのではないだろうか。

同じ人に会っても、同じ場所を訪ねても、メッセージに気づく人、通りすぎる人がある。同じ教室で、同じ先生から同じ授業を受けても、そのメッセージが聞こえない子と、深く聞こえて自分のものにしてしまえる子がいる。

テレビや書物、人の言葉、自然の様子、出来事、その他、世の中に存在するすべての事やものには、メッセージがあるはずだが、それをどう捉えるか……その捉え方こそ、人生の旅に深く大きく係わってくるものの様な気がしてならない。

生き方の鍵を聴きとる

過ぎもせず、足りなくもなく、爽やかに

季節は秋。

日本人の秋に対する心は、収穫や気候への思いと重なって特別深いものと言える様な気がする。

「爽やか……秋の季語である。厳密にはその他の季節に『爽やかな今日このごろ……』とは言わない。でもそのことを知らず、『爽やか』を頻繁に使う例が後をたたない」と日本伝統俳句協会会長・稲畑汀子さんは嘆く。一方、知りながらも、やはり「爽やかな季節」とつい使いたくなる春や夏や冬の日もあって、我々日本人が、この言葉をいかに好きか、改めて思い知らされるのである。

従って秋の様に爽やかな話しぶりが求められるのも自然なことなのかもしれない。そうい

えば、冬の様に冷たく厳しい話し方とか、夏の様に暑苦しい話し方とか、春の様にのんびり霞む様な話し方とかは、（演劇や朗読や特別な目的のときは別だが）したいとはあまり言わない。やはり秋なのだろうか。

「爽やか」とは、清々《すがすが》しく快い様《さま》。気分の晴れ晴れしい様《さま》。はっきりしている様《さま》。鮮やかな様《さま》。さらに、「爽やぐ」という動詞には、爽やかになる（する）の他に病気がよくなる（病気を治す）という意味もある。爽やかな話し方とは、人を相手を爽やかにさせ、心を癒す様な話しぶりのことを指すのであろう。

何より、相手の様子や心や言葉をよく見、よく聞くことが、よき話し手の条件である。よく見え、よく聞こえていれば、自然に、何を話し、どう話せばよいか、技法でない技法が身につき、過ぎもせず、足りなくもなく、程よく表現できることを、長い仕事道で実感してきた。

見えていないときの話しぶりは、たとえ一見上手《うま》く、スムーズであっても、見ていて聞いていて恥ずかしいし、それが自分であったらなお恥ずかしく、いたたまれないものである。

それでは決してひとの心を動かせないどころか、相手の心に何も届けることさえできなく、虚しいばかりである。……話すということはどこまで聞けるかということに他ならない。

聴けば話せる

聞ける子を育てる……当たり前のことではあるが、当たり前すぎて、多くの人々が、判ったつもりで通りすぎてしまう。否、もしかしたら当たり前どころかあまりに難しいので、敢えて通りすぎざるを得ないのかもしれない（本当はもっと根源的に、人生そのものにかかわる、大事な鍵だと思うのであるが）。

言葉に関して、自分がどう話せばよいか話し方の勉強で苦労するより、どういう言葉や話し方が心に届くか、周りの様々なケースの中から本当によいものを聞き取れれば……自然に自らがどうすればよいか判ってくるはずである。

しかし、どこまで聞き取り、自分のものにできるか。それはたやすいことではない。ただ「聞きなさい。聞くことが大事」といっても、それこそ言葉では判っても、聞き上手には簡単にはなれない。ましてや、相手を思い、相手の言葉を大事に聞き取り、心に沿った言葉を交わし合うことの難しさ。私自身、判っていてもなかなかできない苦《にが》い経験もしてきた。

でもそれは、相手をまず思うという基本姿勢があれば乗り越えられる。そして、そのためには、自らの心にゆとりさえあれば、容易にできるということに気づくのである。（ゆとりなどなくとも、切羽詰まってつかみとる奇跡も時にはあるが、そのような逆エネルギーの場合はさておき）ごく当たり前の日常の中で、ゆとりを持って事に臨めば、相手が見え、相手の言葉が聞こえてくる。でも自分に不幸せ感があったり、身や心が傷《いた》んでいたら、「自分のことよりも人のことをまず考え、人の言葉を聞き取れ」といわれても神でない我々人間には難しいのではないだろうか。

子どもたちがゆとりの心で、メッセージをつかみとるには、子どもたち自身が幸せでなければならないと思う。生まれる境遇は選ぶことはできないが、前述した様に生まれてきて光や水、動物・植物、空や大地、雨や風、人々の言葉や笑顔、世の中に存在するすべてのものや事に触れることができる幸せをまず子どもたちに語りたい。「地球が生まれ、生物がやっと誕生し、原人の時代、石器や縄文や弥生の時代、古墳時代、その後の歴史時代、とにかく気が遠くなる様な時の流れの中で、今やっと、やっと生まれてきて、いろいろなものや事や人に出会えて、本当に幸せだね」と。

勝ち抜く方法や上手く生き抜く方法を伝えることは必要なのだろうか。

それより山川草木、人の言葉ひとつひとつ、苦しみや失敗も含めて、生きていることの幸せ感を伝えられたら、子どもたちはもっと強く生きていけるであろうし、そのゆとりで、自分のことだけでなく、他人《ひと》のことも考え思うことも自然にでき、他人《ひと》の言葉も聞き取れ、それが聞き上手に繋がるのではないだろうか。

よく聞くことができれば、自然に本題の話すことが見えてくる。

放送の仕事でも、どうインタビューすればよいか、どうナレーションすればよいか、これは人から教えてもらえない。

うまいインタビュー、うまいナレーション、うまい話し方などというのは、もともとないと言ってもよい。心に届き、相手が爽やかになる話し方を求めたいものである。

削るほど抑えるほど個性が見える

過ぎもせず不足でもなく爽やかにというのは、中庸すぎて、個性がなくなり、自分らしくなくなるのではないか、と言う人があるであろうか。しかし、爽やかに自分自身を伝え届けるための努力の仕方こそ、無個性どころか、その人らしさがすべて見えてしまう、まさに自分らしさの結晶ではないだろうか。

人間の個性はそんなことでは決してなくなるなんてことはない。いくら削っても抑《おさ》えても、なくなる様な簡単なものではない。個性個性と言葉だけが一人歩きしているけれど、相手をどれだけ判り、どれだけ大事にできるか、その行為こそ、その人自身の中身を問われる、何より個性的なことではなかろうか。

　個性の出しっぱなしほど醜いことはない。どうしたら伝わるか、相手に届くか、過ぎはしないか、足りなくはないか。削ったり抑えたり計《はか》ったりしているうち、よけい自らが見えてくる。その作業を重ねていると、なんだかとても自然になってくる。何よりその人らしく自然になってくる。……自然さの中にこそ個性が爽やかに見えてくるのではないだろうか。

　爽やかさの基本は、自然であることだと思う。個性丸出しの一方的な自然児でなく、相手を思い、周囲とバランスのとれた自然の一員。

　人間中心の環境破壊が進み、恵みもあれば怖くもある本当の自然が、我々の生活から遠くばかりである。自然との距離が離れれば離れるほど、自然の一員という気持ちが薄れ、自然がどういうものかつかみづらくなり、人は自然でなくなり、ぎくしゃくしてくる様な気がする。

自然に話せるか

　最近の子どもたちの行動は、軟らかい曲線でなく、直線的で硬いと言う人がある。優しい自然の言動でなく、ポキポキした人工の硬さを感じるという。

自然体でありたい、自然に話したいと言っても、自然とは何かが判りにくければ、その基本をつかみとることはなかなか難しい。さらに、我々が「自然に」といって認識できる範囲と、今の子どもたちが「自然に」といって認識できる範囲は悲しいかな違っているのかもしれない。

季節の感覚も平均化され、地域の自然によって育まれた暮らしの文化も平均化され、秋の爽やかさ、といっても、ほとんど一年中爽やかに暮らせる生活となり、実感はどうしても乏しくならざるをえない。四季によって培《つちか》われた様々な日本の言葉たちもだんだん自然の匂いが薄れ、実感の伴わない形骸《けいがい》だけになっていく寂しさも感じる。

秋の様にと言うだけで、感じ捉えることができるあの清々《すがすが》しさを、実感の薄い子どもたちに伝えるのはだんだん難しくなるのであろう。

「自然に話す」ということについて、よく短絡して「淡々と話すこと」ととらえているケースがプロの中にもある。しかしただ淡々と話すということだけではないはず。熱くも冷たくも温かくも爽やかでもありながら、ひっくるめて大きな自然の流れの様に、広く大きく深く話すこと。その結果が、淡々となることもあるしそうでないこともある。自然体とは単に、自分をそのまま出して話すことでは勿論ない。ただ淡々と話すことでもない。

自然の様子やその中での人々の様子を、欲張らずできる範囲で、見つめ、大事にし、そこからのメッセージを聞き取る姿勢とゆとりの心があれば、自然体で話すことがどういうことか、自然に見えてくるのだと思う。私自身いつも剝《む》き出しでなく、深々と爽やかに自然に話すことができればと、長くひたすら求めてきた。

言葉は言葉だけでは存在しない。言葉イコール内容、心、そして文化である。深くあまりにも広い言葉の世界。でも耳を澄ませて相手や周りや世の中ひっくるめて自然のメッセージを聞いていれば、自ずと言葉の世界はひらけてくる様な気がする。

「聞き上手」と「ゆとり」の関係

話し下手でも困らない

淀《よど》みなく明快な話しぶり、まさに立て板に水。「上手いなあ、流石《さすが》だなあ」と感心する場合が度々《たびたび》ある。しかし聞いてみると、本人は特別努力しているわけでもなく、口をついて自然に言葉が出てくるとのこと。羨《うらや》ましいとしか言いようがない。

絵の上手い人が、いとも簡単に、物の形を捉え、そのまま見事に描けるのと同じなのかもしれない。もともと持っている資質。どこかの細胞が特別に働いているのであろうか。

その両方とも縁がない私としては、諦《あきら》めるより仕方がない。それに負け惜しみではなく、言葉を以《もっ》て生業《なりわい》としながらも話し上手になりたいと考えたことも実はない。……だからその点において、悩みがないのが自らの救いでもある。

しかし、言葉は心と内容を表し伝えるもの。従って言葉イコールその人間の内容、そして心。だから人は常に言葉を問われ、言葉から中身を見透《みす》かされる。

　さらに、言葉の世界は、深く厚く広く大きく、様々な側面を持っているので……その一つを捉えても、捉えたことにはならない。でも上手い捉え方のないのがかえって嬉しい。話し上手になりたいと、話し方、言葉の使い方、文法など、方法論をいくら駆使しても、捉えられない言葉の世界。

　見えない所にある「鍵」をいつも探しながら、言葉と向き合い、長い旅をしてきた。話し下手《べた》ではあるが、それで困ったことはなかったと言ってもよい。その分、腰を据《す》え、耳を澄ませて聞いていれば、大概《たいがい》のことは見えてくる。内容や心が読めてくる。そこで慌てずに言葉を発すれば、何事も自然に乗り切れる様な気がする。

　よく聞いていると、今、自分がどう話せばよいか、内容は勿論のこと、敬語の使い方、声の調子、緩急、間……表現の仕方も自然に備わってくる実感があった。

　アナウンサーになって間もないころ、日常、先輩たちの取り交わす軽妙な会話の場面にしばしば遭遇し、戸惑い緊張した。……自分は同じ様にはできそうもない。ならばじっくり聞く方に回ろう。不遜にも、何故か、無理をしてもそのノウハウを得て、中に加わろうという指向は私にはなかったのである。

堂々と不器用でいこう。きちんと聞いていれば、言葉少なくても、相手の心を大事に、なおかつ自分の気持ちに沿って会話ができる。生き馬の目を抜く様な放送の世界にあっても不思議に、それで損をしたことがなかった。

ゆとりが鍵

「どう話すか」より「どう聞くか」……言葉を以て生業とする道の、かなり早い時期にそのことを身に据《す》えたことはある意味で幸せであった。長く、放送という仕事旅を続けてこられたのも、そのせいかもしれないとも考えている。

アナウンサーの仕事は、まず話すことに重点がおかれる様に考えられているが、人や物事の心や内容をどう聞くか、どこまで聞き取れているか。……その人間が見えるのは、そしてその仕事ぶりが問われるのは、話し方というより、聞き方、聴き方ではないだろうか。

話し方をみれば、どう聞き取っているか、聞き方の様子も簡単に現れてしまう。人間が見えてしまう。しかし「聴けていれば話し方で苦労することはないのだ」と自らに言い聞かせながらも、実は一方で、ゆとりがなかった時は、聞いていても聴けていないという苦《にが》い経験も、ずいぶんしてきた。

話し下手より、聞き下手の方が恥ずかしい。仕事でも日常でも。何かゆとりがないとき、聞きされていない自らを、いつも反省する。……ゆとり。ゆとりが「鍵」かもしれない。

話し上手より聞き上手と大方の人は言うけれど、聞き上手が多いとは全くいえない。誰もが分かっているのに、実際はあまりいないというのは何故なのだろうか。耳を澄ますゆとりがないのであろうか。

聞き上手が易しい様で難しいのと同様、ゆとりという優しく易しい言葉も摑《つか》み所がない。人はゆとりという言葉を口にするだけで安心してつい通りすぎてしまうのではないだろうか。

ゆとりの空間・時間・経済・政治・教育等々……。それも大事だが古今東西の人間の歴史と営みは、もっと違う、人間としてのゆとりを探せよと伝え続けているのではないか。

仕事がら多くの出会いがあるが、そういえば、心惹かれる言葉の世界を持っている人の中からは、いつも、ゆとりの心が読みとれるのである。

聞き上手は強い生き方に繋がる

相手が見え、自分が見える聞き方

余程のことでない限り、「話し上手より聞き上手」または「聞き上手こそ話し上手」という美学を、私たち日本人は持ち続けてきた。

ある種「話し上手」には、常に胡散臭《うさんくさ》いものを身のどこかに感じてしまう習性は一体何処《どこ》から来たのであろうか。

私自身、言葉を以《もっ》て生業《なりわい》としながらも「所謂《いわゆる》話し上手、一般的な意味での話し上手にはどうしてもなりたくない」と、決して負け惜しみでなく不遜な意味でも全くなく、思い続けてきた。勿論、立て板に水のごとき話法の才などもともと持ち合わせていないからなのだが。

……でもたとえあったとしても、それをその儘《まま》出す自分の姿など思うだけでも恥ずかしい。

明治気質《かたぎ》の祖父母は「たとえ理屈は通っていようと、口数多く、一見巧みな話し振りは、見苦しい」と常に孫の私に伝え、大正生まれの親は「相手の目をまっすぐ見て何よりもその言葉をしっかり聞くこと」と、折にふれて語った。

学校でも、何より「聞き上手」が大事にされ、それを裏づける様に本好きの私に個々の作品の魅力ある登場人物たちは、様々なバリエーションで、聞くことの確かさを知らせてくれた。更に日常の上下関係や友だちなど横関係の中での「聞き上手こそ人に好かれるという実感」が積もり積もって、それらが私の中で不動になりかけた頃、放送局に就職したのである。

様々な側面から、改めて「言葉」に向かった。そして、音声表現に限って言えば、事や物、相手や状況がそのまま見え、聞こえてくるようになれると、何をどう表現し伝えればいいか、自然に判ってきて、表現の壁はどんなことであろうとも乗り越えられるという自信のようなものがついてきた。

しかしそれまでに、「聞き上手」になれない自分を幾度経験してきたことか。

魅力ある聞き上手とは？

満たされて初めて人は他人のことを大事に思える様になる。古人曰《いわ》く「衣食足りて礼節を知る」。

自分が痛かったり苦しかったり満たされず幸せでない時、それでも自分より他人《ひと》のことを思う……それは神さまでない我々人間にはなかなか難しいことではないか。普通は自らが満たされて初めて他人《ひと》のことを思うゆとりができてくるもの、その中で初めて相手の言葉も自然に聞こえてくるもの。他人《ひと》の言葉を大事に聞けるということは、他人《ひと》のことを大事に思える「心の余裕」があってこそのこと。そして余裕があるということは、自らが何らかの形で満たされているということ……幸せ感を持てるかどうか。

「聞き上手！　ゆとり！」と百万遍《べん》唱えても実態は変わりようがない。

何百億光年という宇宙の時の流れ……何十万年か前からの人々の暮らし、縄文時代の草創期が約一万年前。気の遠くなる様な時の流れの中で、今やっとやっと生まれてきたということ……そして光や水、雨や風、山川草木、様々な生き物、人々との触れ合い、世の中に存在するすべての事や物を感じることのできる幸せ……苦しみや失敗も含めてそれを乗り越える喜び……。

ささやかだけれど根源に係わる、存在の幸せ感。生まれてきたから出会える人々や多くの事や物、そして、そこから聞こえる様々なメッセージ。人生の宝は聴きとり方読みとり方次第で限りない。その幸せの実感さえあればゆとりが生じ、そのゆとりが人の言葉を大事に聞ける自分に繋がり、聞き上手が生まれる。そして何より、人生をしっかり味わえる本当の強い生き方が出来る様に思えてならない。

人間力〜宝物はそれぞれの生き方の中に

努力できることが有り難い

こころの時代

何気なくテレビのチャンネルを変えていて、ある言葉に、ある内容に、はっと釘付けになることがある。目的を持って視聴するのではなく、構えがなく無心の時、何故かぴたっと惹きつけられる、宝の様な言葉。

何度も経験してきたことだが、先日も、一視聴者として幸せの時間を持つことができた。NHK教育テレビ『こころの時代』という番組で、エッセイストの高見沢潤子さん（故）が淡々と静かに語っておられる様子と内容……それは、兄である故小林秀雄についてであった。生前から、伝説化し神格化するほど、多くの文学ファンを魅了してきた、文芸評論家、小林秀雄氏。

私も、青春時代から、畏敬《いけい》の念を抱きつつ、その生き方と作品を深い憧れを持って意識し続けてきた一人である。

でも、その人となりを描く特別番組ではなく、自然な息づかいが漂う判りやすく静かな番組であった。

その時高見沢さんは九十四歳。本当に若々しく初々《ういうい》しく美しい。的確で爽やかな言葉に乗って語られる内容は明晰《めいせき》で豊か。兄と妹、私は二重に引き込まれながら、多くのメッセージを心に刻みつけた。

その時間チャンネルを無心に回し続けていて良かった。すべて出会いというものはそんなものかもしれない。ひょっと突然やって来る。それを捉える。同じ時間に、同じ言葉を聞きながら、捉え方も人によって様々。その捉え方で、その捉える側の人間も見えてしまう。何をどう感じどう捉えたか……それを語ることも、今、私がしている様に、自らを表すことにもなるのであろう。

虚心に読む

小林秀雄氏は、日本文学の中に、批評という新しい世界を作り、近代批評を確立し、多くの人々に大きな影響を与え、その作品は広く読まれ続けている。

中でも『本居宣長』は後年の有名な大作だが、読むのはなかなか難しいと人は言う。実は私もまだ読みきれていない。

高見沢さんは言う、「難しかったら、何度も読み返してほしい。その心を探ってほしい。長年かけて小林秀雄が書いたもの。短期間では読めないのが普通です」と。二十年の歳月を費やして書き上げた『本居宣長』。一人の人間を捉えるために、一人の人間が長い時間と命をかけて真剣に取り組んだ作品。気軽に目を通そうなど、我々の浅はかな考え違いを改めて反省させられる。判るまでゆっくり読めば良いのだ、と。

作者が宣長を知るために、宣長が愛した『源氏物語』を時間をかけて徹底的に読みこなした様に。また、若いころの評論『ドストエフスキー』の時も、ドストエフスキーを知るために、氏が聖書を時間をかけ、隅々まで読破した様に。

さらに、一人の作家を論ずるにはその作品すべてを虚心に読むことが何より大事だと言う。我々は批評家ではないのだから、そこまでは読めないが、つい安易な読書に流れ、難しいという理由で、何事も遠ざける傾向にありはしないだろうか。

今や、気軽さ、簡便さ、安易さ……ばかりが求められ、どの書店でも本の数は多いのに、頁《ページ》は厚く内容は薄く、寒々しいものが大手《おおで》を振っている様な気がしてならない。それは、読み手に合わせて、笑っているかの様にも見えないだろうか。

決めつけないところに魅力が

『本居宣長』が一般的に難しいと言われるのは、宣長の人間そのものを小林さんが言い切らないところにあるのかもしれない。

でも、人間は言葉では言い切れないもの。まして他人のことを断言するなど出来るはずがない。曖昧《あいまい》なところがあるのが真実。それをそのまま描くのが真のあり方ではないかと、高見沢潤子さんは静かに兄を語る。

「評論、批評するということは、欠点を挙《あ》げ連ねることではなく、その人、人物に入り込むことであり、その人の身になって作品を読むこと」……自分を振りかざし、決めつけ、批評するのではなく、無私になって、相手に入り込めるかどうか。そして感じること。論理だけでなく、感性で、見えないところのものを感じること。感動しなければ、仕事はできない。何もできない……。

その言葉はすべてに繫がるメッセージとして、心にしみ込んだ。卑近なことではあるが、我々の周り、会社でも学校でも家庭でも、世の中のあちこちで、声を大にし、他人のことを平気で決めつけ、批判することをよしとする人たちがなんと多いことであろうか。人間は一色ではないのに、他の部分が見えない貧しい目しか持っていないのであろうか、それとも、見ようとしない冷酷さであろうか。

博識、教養、思想、センス……敬愛してやまない大御所小林秀雄その人が、「人の気持ちになってみること。相手の身になれるかどうか」を何より大事にしていたということを、高見沢さんは、ご自身に重ねてやわらかに語る。

膨大な著作、多くの小林秀雄論、伝説の様に語られる様々な身辺のこと、すべてを通して人々を酔わせる不思議な力。

小林氏の親しい友人、故大岡昇平氏は「氏の批評文は読者の頭でなく胸に訴える」と書いている。自ら弟子と仰る文芸評論家、故中村光夫氏は「小林秀雄は批評によって自分を表現した詩人であり、散文の音楽家だ」と述べている。

かつて、私も文学を語る番組の仕事で、大岡さんと中村さんを何度かお訪ねしているが、当時は胸をドキドキさせながら固くなってひたすら聞き入るばかりであった。

本来なら、小林秀雄氏について、一言といえども文字にするなどおこがましく、資格も勇気もないはず。でも、高見沢さんの、優しくも深いお話は、文学や評論について触れながら、すべてに通じる心を、開いて見せてくださった。何だか、少し、私も近づけた様な気持ちがして、うれしくてならないのである。

兄小林秀雄を語りながら、それはそのまま、九十四歳の高見沢さんの、我々への、生き方のメッセージでもあった。

頑張れる力がある有り難さ

「大いなるもの」を信じ仕事を続けた小林秀雄氏。無私になること。自然にまかせること。自分より大きなものが常にあるということ。自分を無くすということは、その大いなる魂に従うこと……。

高見沢さんは続ける。「何々をなし遂《と》げた。何々で成功した」ではなく、「成功させてもらった、与えられた……」ということであると。

その言葉を聞きながら、私は突然、中村久子さんのことを重ねて思い出した。そういえば中村さんを知ったのも、テレビのチャンネルを無心に回していたときのことであった。不思議なことにやはり『こころの時代』であった。

突発性脱疽《だつそ》という病に襲われ、三歳の時両手両足を失くし、以来十四年間痛みは続き、秋から冬にかけては昼夜の境なく泣き叫んでいたという。

十一歳になった時、母は将来を考え、一人でも生きていける様に、猛烈な教育をはじめた。手足のない子に着物を解《ほど》けと鋏《はさみ》を与え、針に糸を通せと命令し、泣いても振り向かず、出来なければご飯も食べさせない。でも中村さんは十二歳の終わりには口を使って小刀で鉛筆も削り、字も書き、糸も通せ、反物も縫える様になり、勿論、箸を体に縛りつけ一人で食事も出来た。

二十歳になったときには親元を離れ、自ら「見せ物芸人」として生きていく道を選び、不自由な身体で裁縫、編み物、短冊や色紙に文字を書く芸を人前に晒《さら》し、四十六歳まで続けたのである。堂々と生き、亡くなったのは七十二歳。

その苦節の道と、境遇を乗り越えた光の道は、その著作などで広く知られているが、「何で自分だけがこんなに苦しいのかと考えれば考えるほど混沌の坩堝《るつぼ》に陥るばかり。悔やんだり恨んだりではなお苦しい。しかしそこから無理して抜け出そうとせず、あるがままを捉え、腹を括《くく》ってしまえば、坩堝は坩堝でなくなる。『抜け出そうと足掻《あが》き努力する苦しみ』と、『努力出来ることの有り難さ。努力させてもらえることの有り難さを思うことの喜び』とは、何という違いであろう。『ここまで努力してきた。頑張った』という意識より『ここまでやってこられ、頑張れる魂をもらっていることの幸せ』を思いたい」と中村久子さんは言う。それは、まさに、高見沢潤子さんの言う「大いなるものへの思い」と同じではないだろうか。

自分流に物事を漠然と考えている時「ああ、やはり、それで良かったんだ！」「あの人も、そうであったのか」と安堵し、思いを強めることがある。何事かに迷っている時、「ああ、そういうことなのか」と、はっと気づかされ、道を見つけることもある……。

無心に耳を澄ませ、真摯《しんし》に耳を傾け、様々なメッセージを聴き捉える喜びをこれからも重ねて人生旅をしたい。

我慢好きの我が意を得たり

普通の家の機微を描いて

『渡る世間は鬼ばかり』『おしん』『いのち』『あしたこそ』『春日局《かすがのつぼね》』『おんな太閤記』『となりの芝生』『ただいま一一人』『つくし誰の子』……脚本家橋田壽賀子さんの作品を一度も見たことがないという人は多分いないと言っても過ぎはしないだろう。

日本を代表する人気作家は、七十歳（当時）を過ぎても毎朝八百メートルの水泳は欠かさない。肌もみずみずしく皺もない。寸断なく続く原稿依頼。壮絶な多忙を我々は想像するのだが、料理も家事も得意で厭《いと》わない。番組でお願いしたとはいえ、ご自分の畑にある「きんかん」をシンプルに煮たものをスタジオへお持ちくださったのだが、その甘酸っぱい、爽やかで温かな香りと歯ごたえは、橋田さんと重なって忘れることができない。

書くことが楽しくて楽しくてとおっしゃる。殺しや不倫は絶対テーマにしない。親子、嫁姑、夫婦、兄弟……ごく普通の「家族」の機微を描きだしながら、長年にわたって常に人々を鮮烈に惹きつけ続けるドラマの秘密は何なのだろう。

特に嫁姑の間に横たわる確執を取り上げる時など、人々をして「あそこまで言わなくてもいいんじゃあないの。でも言ってくれてほっとした。普通は思っていても言えないものよ」と感嘆の声をあげさせてしまう。

言いたくても言えないことを代わりに

ご自身も、もしかしたら、ご経験がおありなのだろうか……。橋田さんが四歳年下の岩崎嘉一さんと結婚されたのは四十歳。次々とヒットを飛ばす少し前のこと。いっそのこと、主婦に専念しようかと思う心もあったそうである。表向き原稿は広げず、ひたすら家事の毎日。夫は何かにつけて嫁としての橋田さんと自分の母親とを比較し、姑もよく橋田さんの所に来られたので、一緒に住んでいなくても、味付けのこと、布団の干し方のこと等々、よくある嫁姑の葛藤は少なからずあったと言う。

でも橋田さんは「はい、はい」と口答えせず、実際には喧嘩をしたこともなかった。「言うべきことは、何かあれば、説明はしていましたが、本当はもっともっと言いたいことがありました。でもそれを言ったらお終《しま》いだと思っていたので言えなかった」「しかし本当のことを言ったらどうなるだろう」……橋田さんは、それを自分のドラマの主人公たちに、言わせてみたのである。

実生活では言えなかった本音や口答えはドラマの中に書いてしまい、俳優さんに語らせる。「世の中には現実には出来ないこと、言ってはならないことって沢山あります。夫婦であっても、ましてお姑さんに対しては、言いたくても言えないことって一杯あると思うのです。だからそれをドラマで代わりにとことん言ってあげる」と橋田さん。

その道では有名な長い台詞《せりふ》の中に、だれもが日常我慢していることや思いを半端でなく、これでもか、これでもか、と言い尽くす。橋田さんのドラマが、他人《ひと》ごとでなく、身につまされて、乗り出して快哉《かいさい》を叫んだり、思わず自らを反省したりしながら引き込まれてしまうのは、そのへんに大きな理由があったのだ。

言わずもがな、人は、皆、我慢しているのである。

橋田さんは言う。「我慢できずに、言いたいことをそのまま言ってしまう人は、大体離婚したり失敗しているじゃあないですか」……本当にそうだと思う。我慢しないでお互い言いたい放題にやってみればどうなるか、現実にはできない冒険の世界が、橋田ドラマでは繰り広げられるのである。

本来他人と争うのが嫌いな橋田さんの、ドラマでの楽しみ方がそこにはある様だ。生来我慢好きな私なども、間接的に我が意を得たりと嬉しくなったりするのである。

捨てて得たものの大きさ

何故絵筆を折ったのか

日本を代表する日本画家、平山郁夫さん。我々は、その偉業を思うと、あまりにも自然で穏やか、明快で真摯《しんし》、ハンサムで如才なく、誰にも暖かく接してくださる様子に恐縮するばかりなのだが、かえってその分、お人柄の大きさが身にしみて感じられ、感動し嬉しくなる。

画伯を長く支え共に歩んでこられた美知子夫人の人気も高く、私の周りにはシンパがすこぶる多い。何回か仕事でお目にかかっている私に彼ら彼女らは「ご自分の絵筆を折って、画伯に寄り添い、ひたすら支えてこられたその心を伺いたい。どんな方だった？　しっかり型？　それとも？……」等々、人々の質問は尽きない。

美知子夫人は、画伯と同じ東京芸術大学の卒業生。しかも同期。卒業制作では首席が夫人、二席が画伯だったという。勿論一と二の差は数学の点数のようにはいかないことは承知だが、学校の成績はその時点に於いては歴然としている。

その後、トップのお二人は、そのまま副手として母校に残り、将来に向かってそれぞれの道を歩き始めた。美知子さんの夢は大きかった。初め女子美術学校で学んでいたが中退し、さらに絵画の道を突き進むため、東京芸術大学がそれまで閉ざしていた女性への門戸を開いた翌年に受験し、合格された。才能に恵まれ、状況も良く、進めば画家の道は大きく開けたに違いないのに、すべてを捨てて、平山青年と昭和三十年結婚されたのだ。

そのことを思うと、自らの力をフルに出し、人生を切り開きたいと、願い続け、悩んでいる女性の多くが、「どうしてもその心を伺いたい」という気持ちになるのも良く分かる。私自身も前々から気になって仕方がなかった。


平成十年、秋、放送の仕事でお二人にまたお目に掛かった。お二人揃っての柔らかな表情から「セ・ラ・ヴィ（これも人生さ）」という言葉が聞こえてきた。……美知子夫人の著書に登場する言葉。幾度となく口にされてきたという。まさにご自分の人生そのままを表す言葉なのであろう。「いちばん大切なもの、価値あるものを捨てるのでなければ、捨てる価値がない。つまらない、どうでもいいものを捨てても何の値打ちもない」「捨てたものが大きければ、得るものは、もっと大きいかもしれない。何かを得るためには何かを犠牲にするしかない」とおっしゃる。

価値あるものだから捨てる意味がある

そういえば、私も含めて周りには、捨てきれず、後生大事に抱え込む人も多くいる。「それも人生」かもしれないけれど、捨てないために、もっと素晴らしいものとの出会いを手にできないかもしれない。捨てたからこそ得られる大きなものがあることに気づきたい。その選択……それが人生。これが人生というものさ。フランス語でセ・ラ・ヴィ。

大事なものを捨てたから意味がある。だから後悔しない様に画伯とともに一生懸命生きる。画伯のライフワークのひとつ「シルクロード」の旅にも、常に同行し、有能な制作上のパートナーとして欠かせない存在の美知子夫人。仕上がる作品も喜びも二人のもの。捨てて得たものの大きさの意味がよく判る。

捨てて生きる人。捨てないで頑張る人。画伯や美知子夫人の足下にも及ばないが、私自身はどうだろうかと考えてしまう。美知子夫人のシンパの女性たち、そして周りの男性もみんなその言葉を身に引き入れ、考え込んでしまった。

以後私の頭から、その言葉が去らない。すてきな言葉に出会うのは嬉しい、でも言葉は言葉だけでは存在しない。人と共にあって、切り離せない。「セ・ラ・ヴィ」と口にする度、平山郁夫画伯と美知子夫人の姿が鮮やかに浮かぶのである。

素晴らしき自由時間

老年のダンディズム

元京都大学名誉教授、テレビでもお馴染みの、数学者森毅《つよし》さんにお会いした。「肩書のない名刺が頂きたくて……」と申し上げたら、ふふと静かに笑われたその雰囲気は優しく、朝の生《なま》番組本番は上手《うま》くいきそうだと、何だか嬉しくなった。

そのとき森さんは七十代に入ったばかり。退官後も執筆に放送に、自ら「言論芸能人」と称しながら大活躍だが、やんわりであり切り口爽やか、ユーモアと明晰さが醸《かも》しだす世界は、さすが江戸生まれの関西暮らし。老若男女、多くの人々を惹きつける。

森さんは、老年の今こそ何より素晴らしき自由な時期とおっしゃる。年をとると社会から次第に遠のき淋しくなり、元気もなくなり、つい過去の遺産に縋《すが》りがちだが、過去は潔く切り捨てた方が良い。無理に元気にしなくても良い。責任がなくなったのだから、社会から自立して、逆に今こそ自由にしていれば良い。長い間、一生懸命にやってきたのだから、今、すべてから解放されて、のんびり老年を楽しもうよ、と老年のダンディズムを提唱されている。まさにその言葉通りの生き方をゆうゆうとされている森さん。番組の視聴率も誠に良かった。

森さんは、これまで「人生二十年説」を唱えておられ、私は個人的にも、その説に賛成で親しんできたのだが、その後人生「ｎの二乗説」に切り換え、人生百二十年とし、十一に区切る説を唱えておられる。二十年たてば、世の中必ず変わるのだから、前の説にも固執せず常に新しいことを、というご自分の考え方の正当化でもあるらしい。

私はシンプルな「人生二十年説」が好きなのだが、それは、人生八十年を二十年ずつ四つにわけて、二十年を区切りに次の人生に入り、前のことを引きずらず、新しく生き返るという考え方である。人生四回あるのだから、一回ぐらい失敗しても気にしない、というのが、とても嬉しい。六十になればまさに第四の人生の始まり。それまでが成功であろうと、失敗であろうと、振り捨てて、新しい今を生きるということ。

年をとるのも悪くない

初めの二十年もその後の第二期のためにあるのだと思うと、「少年期は辛いじゃないか。十代らしく生き生き自由に出来ないいじゃあないか」と森さんは説《と》く。

爽やかな考え方である。苦労性、貧乏性の私など、ただ、一つ一つ積み上げ続ける人生をひたすら過ごしてきたのだが、それはそれで今思えば悪くなかったとも信じてはいるのだが、時に考え方を変えてみるのも楽しい。はっと、新鮮な思いに突き動かされるのである。だから人の話を無心に聞くのは本当に楽しい。

「人生何でもありだな。拘わって枠をはめることはない。全く別の生き方をしてもいいじゃないか」とゆとりの心が湧いてくる。

第四の人生に入りかけている私は、いえ、誰だってその時期がくることは他人《ひと》ごとではない筈であるが、その時期を清々しく生きている人の、鮮やかな人生論は、誠に説得力がある。第四期が捨てたものではないことが判れば、若い人の人生のやり方も変わるのではないだろうか。

私自身、歳をとることがこんなにいいものだとは、若い時には想像もしなかった。スタートラインが違うのだから若い人と競争など出来はしない。初めから何事も競わないから、気持ちも楽だし、無理をしないでゆったり居られる。かなり自由の気持ちに近づいている。若さからの解放はゆとりに繋がる。

森さん曰《いわ》く「元気ぶるより、置物の様に黙って座っているだけで様《さま》になるようになれれば良い」と。置物の境地まではなかなかいかないが、私も「歳をとるのも悪くないわよ」と「存在」の仕事が出来る新しい第四期を迎えたいものである。

六十七歳の大学生

自分のための休暇をとろう

作家、澤地久枝さんが琉球大学に通っているという話を耳にした。「澤地さんの講義が聴けるなんてうらやましい。週にどの位授業を持っていらっしゃるのだろう」と私は真剣に聞き返した。「……澤地さん、生徒なんです」「えっ！　嘘でしょう?」。そんな筈はない。人に教えることはあっても、また、本を書くための取材として、勉強をなさることは当然としても、学生の一人として教室に通うなんて、信じられない。「でも、もし、それが本当であったら、一ファンとして、なんと、嬉しいことだろう」と私の心は高鳴った。

澤地久枝さんはその時六十七歳であった。『妻たちの二・二六事件』を世に出して以来、時代の激流の中で陰に隠れた無名の人々を取り上げて描き、澤地さんならではの確固たる世界を築きあげてきた。テレビやラジオなど、マスコミに登場することも多く、人気作家の一人であるが、作品そのままの、清々しくエネルギッシュな生き方に、私もずっと惹かれてきた。探求心に溢れ、精力的に書き続ける澤地さんだが、二十八歳の時から三回の心臓手術を受け、身体障害者の手帳を持つほどなのだから、楽々余裕で突き進んでいるわけではない筈である。

しかし次から次への挑戦は何なのだろう。しかも今回は六十七歳の学生。番組に登場してくださった澤地さんに、生の声を聞きたかった。

「五十年近く働いてきて、病気以外の休暇をとったことがなかった。自分への休暇をとろう。自由になること。それは遊びのためでもあり、同時に人生の初心に返るための区切り目にもしたい。もう一度生徒になろう。新たな気持ちで生徒になってみよう」。真剣にそして初々しく語る澤地さんは、魅力的だ。

人生に遅いということはない

十六歳で旧満州から引き揚げ、働きながら通った高校と大学。経理の仕事から編集の仕事に移り、『婦人公論』編集次長を最後に病気で退社。十年間の資料集めの助手の時代。そして四十一歳の処女作『妻たちの二・二六事件』で大きな反響を呼び作家としてスタートした澤地さん。『火はわが胸中にあり』『記録・ミッドウェー海戦』などの多くの著作。ひた走ったその半生に、自分で休暇をと言う。そして「働きながらの夜学ではあまり勉強する時間がなかった。だから、今、生徒に返ってやり直してみよう。六十を過ぎた今だから出来る」と。「沖縄に住み、沖縄の目で戦後の日本の歴史を勉強したい」。澤地さんの部屋は机と僅かな家財道具だけ。洗濯機も置かず手で洗う。心臓に爆弾を抱えながらも、坂を登り下りして学校に通い、自分で買い物に出る。「でもそれは今だから出来る。ゆっくり自由に出来る。人生に遅いなんてことはない」とおっしゃる。

私自身、もう一度学校に行き生徒として学んでみたいと何度も口に出してはみるのだが、「人生残りも僅かだし、もう間に合わないだろう。頭も鈍くなっているし、もう無駄であろう」と、内心寂しく諦めてしまう。新しいことに挑戦して、今さら苦しむより、今までやってきたことを少しでも豊かにした方が良いとばかり、自らを正当化し、楽な方法をとってしまう。そんな時、澤地久枝さんの様に、生き生きと、人生に立ち向かう実行力のある人に出会い、お話を伺えるのは何よりの幸せである。

ひとりのアナウンサーとして自らも触発されながら、同時にテレビの前の人々に、そのメッセージを、どう、そのまま伝えることが出来るか、内容と心を聞き取り、どこまで番組の中で伝えることが出来るか。祈る様な気持ちで臨む、放送の時間での出会いである。

美人の中の美人

他の追随を許さない存在

最近美人が多くなった。女性週刊誌はじめ様々な紙上で、整形手術前と後の写真の、見違える様な変貌ぶりや、顔形、造作のさり気ない作り替えの様子を目にする度、いずれ、美しくない人は居なくなるに違いないとさえ思うほどである。

それは、一見喜ばしいことでもあるのだが、その分美形の価値は軽くなり、さらに、内外とも美しさの本質が問われ直されることになり、いくら形を直しても、結局、なかなか追いつかないものなのかもしれない。

かつて芸能界、特に銀幕のスターは、一際目立つ美しさで、我々を夢の世界に誘《いざな》ってくれたものだ。だから映画館に足を運ぶ意味があった。しかし今、スターもスター以外の人も、自然美、人工美とり混ぜて、双方あまりにも近く、一線を画すに至らず、そこにも映画斜陽の理由のひとつがある様な気がしてならない。

また、自然に兼ね備えたかけがえのない美しさと人工の美貌と、その差を見分ける、人々の目と心も最近は貧しくなっているのかもしれない。しかし、美しさの標準が高くなり、いくら魅力的な美人が出てきても、他の追随《ついずい》を許さない存在がある。例えば日本を代表する俳優山本富士子さん（いくら力のある歌手が次々出てきても、常に聳《そび》え続ける美空ひばりさんもそうだが、どの世界にも、誰が何と言おうが、周りを越えて存在力の強い人がいる）。

山本富士子さんは、昭和二十五年、初めてのミス日本一に選ばれ、その後、映画界の大スターの道を突き進み、今、舞台やテレビで益々磨きのかかった豊かな美しさで他を圧し大女優の名を欲しいままにしている。

夫君である作曲家山本丈晴さんとともに、トゥーショットで、しかもたっぷりの時間をとってくださってのテレビトークであった。家庭を何より大事にされている、仲の良い一組のご夫婦の在り方から多くのメッセージが聞こえてきた。

仕事と家庭のバランスを崩さない人間力

名実ともに堂々たる存在の大きさは、家庭という日常性の中に不動の土台があることを知ったのである。精神性に裏打ちされているからこそ、歪《ゆが》みのない完璧なまでの美しさが、人々を動かすのであろうか。

かつて初対面の丈晴さんに温かな風を感じその場で惹きつけられた富士子さん。多くの反対を乗り切って成就した大恋愛。そして結婚。「どんな男性であろうと、家庭生活を大事にできない人は自分には無関係」「仕事では非凡、家庭では平凡な主婦でありたい」……大スターを取り巻く大波に惑《まど》わされず、常に自らを見つめて揺るがない人間的な強さ。

当時、まだ手術が危険をともなった結核に罹《かか》ってしまった丈晴さんと黄金時代の看板スター。会うこともままならない恋愛時代の二人を繋いだのは、千通に近い手紙のやりとりだったという。そして今も、折にふれて、メッセージカードを交換しあう。そっと拝見したカードには「時は過ぎるものではなく砂の様に溜《た》まっていくものにちがいない……」と丈晴さん。「八十になってもお互い今のままでありたい……」と富士子さん。

口で表現することはある意味では簡単だが、書き続けるということは容易ではない。相手を思って言葉を選んだり考えたり、自らを整理したり確かめたり……それをずっと大事にしている日常の厚さ。家事も勿論他人《ひと》任《まか》せにはしない。

年とともに益々仲が良いご夫婦の話は、何とも自然であった。自然な生活の土台は揺るがないはずである。どんな時も仕事と家庭のバランスを崩さない人間力《にんげんりょく》こそ、あの類稀《たぐいまれ》な美しさを裏打ちするひとつの理由かもしれない。我々スタッフも、その手料理をお宅でいただいたのであるが、手早い上に味も形も天下一品であった。

勿体ないが人気の秘密

苦しさ悔しさを忘れては勿体ない

舞台や銀幕のスターがテレビのトーク番組などで、役柄の印象とは全く違う素顔を見せてくれる時、何だか得をした様な楽しい気分になるのは、誰も同じではないだろうか。イメージを崩さないために、極力その様な場を提供しない姿勢の人もいるが、それはそれで納得出来るのだが、我々としては、芸の世界と、もう一つの顔を知ったという二重の楽しさで、喜ばされるのである。

覗《のぞ》き趣味もあろうが、芸を支えている背景と哲学が見えて、改めて舞台や映画をじっくり味わえる様な気がして嬉しいものである。作品の上での印象と実際の姿が全く変わらなくてほっとしたり、逆にあまりの違いにびっくりしたり……。

年齢といい、経験、実績といい、美しさといい、第一線でご活躍の山本陽子さんだが、まさにその後者の筆頭、とにかく、印象とは全く違ったのである。和服が似合い、しっとりとした中に、静かな強さを忍ばせる日本的女性の役柄がぴったりの山本さん。実際はどうなのか、土曜ほっとモーニング「人生いきいき」番組の中で直接お話を伺うことにした。

　山本さんは、昭和三十八年、日活のニューフェースに合格し芸能界入りしたが、その前、三年間、証券会社のＯＬの経験をお持ちである。時間でも仕事でも、ぐずぐずしているのは勿体ない、無駄なことは許しがたいと、すべてを、てきぱきとこなす大変有能な社員だったという。日活の新人時代は、浅丘ルリ子さん、吉永小百合さん、和泉雅子さん、松原智恵子さん、芦川いづみさん……きら星の如く輝く人々が犇《ひし》めき、当然山本さんもと思いきや、何故か、いわゆる大部屋で、通行人や喫茶店のお客さんなど、台詞もない役ばかりであったという。しかし、その時代の苦しさ悔しさを忘れるなど勿体ないとばかり自らの肥やしにしてきた。人間としての強さ、確かさ。その後『しろばんば』『七人の孫』その他テレビドラマの当たり役で、一躍有名になり、スター街道を常に走り続けてきたが、どんな時も甘えない頼らない山本さん流の生き方が演技を濃くしている。

諦めたら人生勿体ない

「人にかまってもらえなくても、どこでも生きられる」という言葉には、大人の女のさばさばした魅力がある。芝居をしていく上で、考え悩むことはあっても、くよくよ気にしない質《たち》なのだそうである。そんな時間は無駄で勿体ないのであろう。身についた自信が素顔に溢れている。「一日をフルに動かないと勿体なくてしようがない」が口癖。家の仕事、身の回りの整理整頓、いずれも厭《いと》わないどころか、片づけないといられない性分らしい。車もさっさと自分で運転。「何もしないでのんびり遊ぶのは好きじゃない」とおっしゃる。

男性的とも言える、拘わらず、さっぱり、きびきびした行動。しかし、一度芝居に入れば、しっとり抑えた演技で観客を引き込む。オフとオンの切り換えのテンポが、何とも自然で気持ちがよい。我々は両方を知ることで、舞台の楽しみが倍加するのである。

山本陽子さんのライフワークともいえる、宇野千代さん原作の『おはん』。おはんの様に耐える女が好きという。「でも耐えるだけでは魅力がない。どこかでバサッとやらなくては」と。

普段はおしゃれもしない山本さん。でも女優は夢を売る仕事、美しくなくては人は振り向いてくれない。胸を張り、「私は美しい！」と自分にお呪《まじな》いをかけ自信を持つ様にしているそうである。諦めたら「人生勿体ない」という山本さんの生き方。見習って、私も自分にお呪《まじな》いをかけてみようと思った楽しい時間であった。

エネルギーの原点

今も手で書く鉛筆党

今、私はパソコンがなくては、何事も進まないのだが、数年前まで、数少ない「万年筆党」として、半ば呆《あき》れられながらも、頑固に頑張っていた時期があった。字は巧《うま》くないのに、心地好《よ》く書くために、強さと柔らかさ、品が良く弾力があるものを求め続け、次から次へと数を増やして、売るほど万年筆がたまってしまったこともある。鉛筆も太く強く全体としては柔らかな感触がないと、書く内容まで落ちつかなく、これまたこだわり続けた。

だから、今を時めく売れっ子脚本家、内館牧子さんにお会いしたとき、あの膨大な作品総《すべ》てを鉛筆で手書きされていると伺い感激してしまったのである。

大河ドラマ『毛利元就』や朝の連続テレビ小説『ひらり』をはじめ内館さんの作品は常に人気があるが、『ひらり』は二百字詰め原稿用紙六千枚。直しがあるから、実際には八千枚以上……。しかも次々と押し寄せる様々な原稿依頼、その総てを手で書く。大変ではないかと質問したが、機械文字より楽なのだそうである。しかも早いので締切りに遅れることのないのが自慢。原稿に向かうまでは苦しんでも、いざ書き出したら、少しも辛くはなく、楽しいという。そのエネルギーはどこからきているのであろうか。私など、書くことは嬉しくとも、行きつ戻りつ削ったり加えたり、その作業はかなり苦しいものであるのだが、内館さんは苦しいどころか楽しいのみという。まさに天性のものに違いない。

人生を変えた宝の一言

いつお会いしても、内館さんの元気さは前向きで、何かが満ち満ちている。しかし、その内館さん、幼稚園のころは、想像を絶するような弱虫だったそうである。先生に呼ばれても返事が出来ず、友だちもなく、他人が見ているとお弁当の蓋もとれず、小指で押されただけでメソメソ泣いてしまう。かっこうの標的になり、いじめられ、毎日一言もしゃべらず、半年で中途退園したほどであった。

でも小学校に入り突然明るい元気な子になったのは、先生のこんな言葉がきっかけだった。

「内館さんは、字も上手いし、書くのも早い。みんなも内館さんに負けない様に頑張ろうね」。陰での慰めでなく、皆の前で褒められた少女の喜びが痛いほど判る。内館さんは、翌日から明るい元気な子に生まれ変わった。
人生を変えた宝の一言を内館さんはいつも忘れない。その後、学校時代を通して、陽気で何事にも目立つ存在になった内館さん。でも、卒業後のＯＬ生活は、どう生きていけばいいか、何も見えず苦しみ続けた十三年半だったという。

不安と焦燥を紛らわせるために、時間のある限り、ありとあらゆる習い事に忙しく身を託す。お花、お茶、テニス、アートフラワー、洋裁和裁、編み物、着付け、料理、小唄端唄、三味線、シンクロナイズド・スイミング、シナリオ教室等々。半端な数ではない。海外旅行にもしばしば逃れた。そんなある時「コピーが嫌いだとか課長の顔が気にいらないとか、そんなことで毎日暮らして、何と人生無駄に生きているのだろう」と自らを叱咤《しった》し、シナリオ学校に戻り、改めて勉強をし直したのである。会社を辞めたのは三十五歳。脚本家としてのデビューは三十九歳。二十代から三十代半ばまでの、先の見えない苦しみの体験は、同じ様に目標が見つけられず、打ち込めるものがないと苦しむ人々に、作品を通して、真実のメッセージとなって伝わり共感される。登場人物に「どうせ私の人生にいいことなんか起きっこない」という台詞を言わせながらも（ハッピーエンドでなくとも）人生まんざら捨てたものじゃあないという予感で終える内館ドラマの爽やかさ。

字が綺麗で早いと褒められた嬉しさの原点と、ＯＬ時代の体験から生み出される厳しさと優しさ。内館さんの作品が人々を動かす理由が胸におちるのである。

引いて見るもう一人の自分

初々しい落ちつき

嬉しいことがあった。テニスの「全仏オープン混合ダブルス」（一九九七年）で優勝した平木理化選手とゆっくり話し合える機会が持てたのである。といっても私はテニスをしたこともないし、有名選手の名前も殆ど知らず、彼女が優勝を果たした大会が世界の「四大大会」の一つと理解はしていても、身を乗り出して食い入り応援するほどの、テニスへの親近感はなかったのである。

番組を通しての出会いであった。当時二十五歳の理化さんは、その爽やかな笑顔と共に朝のスタジオに忙しい足を運んでくださった。

「全仏オープン」の後、イギリス・ウィンブルドンでの試合を終え、五日前に帰国したばかり。翌週には、もう「全米オープン」に向かうという僅かな日本滞在の貴重な時間の中であった。

しかし朝のスタジオに現れた理化さんは、疲れを心配する我々の気持ちを逆に諭《さと》すかの様な自然の振る舞い。小柄で可憐な美人。体全体の丸い柔らかさといい、私のイメージする歴戦の運動選手とは、かなりかけ離れた優しい雰囲気に包まれた姿であったのが、何と新鮮であったことか。

しかしあくまでも初々しいのに、この落ちつきは何なのだろう。……特別でない自然さ。特別を嫌う優しさ。周りへの思い。そしてその中での自分の在り方。自然のバランス。……それらを一瞬にして感じさせる女性であった。

非難より労《ねぎら》いの笑顔

「全仏オープン混合ダブルス」で彼女は、インドのブパシ選手と組んで試合に臨んだ。全くの初対面。しかもコートに出るまで、作戦を話し合う時間さえなかったそうである。その二人の即席コンビが優勝した。

ブパシ選手は「本当にやりやすかった。彼女はいつも笑顔でいてくれた」と話す。試合の間中、理化さんは本当に柔らかにリラックスして見えた。

相手がミスをした時も彼女は彼に笑顔を見せる。彼はほっとする。失敗した時の相手の反応は何の場合でも大きく作用するものだ。その時「大丈夫よ」と何気なく、でも本当に優しく微笑《ほほえ》んでくれたら、人は気持ちが楽になるに決まっている。でも、判っていても、やはり「何やっているの！　今度こそ頑張ってよ！」と厳しく言いたくなるのが勝負の世界。そして世の常なのだが……。

彼女は言う。「言わずもがなの厳しい世界。お互い一生懸命やっているのは判っているのだから、非難より労《ねぎら》いたい」と。

試合という特別の空間の中で、持っている普段の力が最大限出せる様にリラックスできるかどうかを、何より大事にしている様であった。

笑顔を鬼面に変え、追い詰め、苦しむ戦いも一方にはある。人の生き方が様々な様に、スポーツの在り方、選手の生き方も様々なのが嬉しい。

短時間、そして限られた空間でのスポーツは、人間の一生にもたとえられ、究極の人生が見える様な気がする。だから人はスポーツに惹かれるのであろう。

テニスでいえばシングルスとダブルスの違い、自分の力だけではどうにもならない、コンビの動きによる結果。野球はじめ複数の選手がかかわるスポーツの、個の力だけではどうにもならない運命の様な勝敗。

考えてみれば、我々の日常、すべてのことは、本人の力だけではどうにも及ばない何かが働いて、複雑な人生模様が浮かび上がるものである。

理化さんは、それを含めて、テニスのダブルスを楽しんでいるかに見えた。自分を最大限大事にし、力を尽くしながら、何より相手が気持ちよく全力を出せる様にコートで動くこと。だから笑顔が自然に出る。今回の初めてのコンビでも、それが大きな相乗効果となって現れたに違いない。

力のある男性プレーヤーの役割、その支えとして完璧に存在する彼女のプロとしての役割。どちらがメインでもサブでもない。役割の解釈における理化さんの自然さは、テニスを知らない私にも気持ちよく感じられた。

自然の流れの中で楽しむ強さの秘訣

彼女にはOLの顔もある。試合や練習のない時は、居なかった分を取り返す気持ちで、人より早く出勤し何倍も働き、同僚のため気持ちのよい朝のお茶を入れることも、自然の流れの中で一緒に楽しんでしまうという。

世界の四大大会で優勝を果たしたのは、日本人として二十二年ぶりの快挙と讃《たた》えられ、人々を沸かせた理化さんだが、川の流れの様に淡々としていた。

それが何よりの強さなのかもしれない。「勝つ、勝とう」と思うと、体が固くなる。思いも固くなる。リラックスできない。自然でなくなる。……自然であることの強さがなくなる。「あるがまま」の強さ……。十代の初めから、世界中を転戦し、大会の申込みからホテルの予約まで一人でこなし、多くの人々や様々な物事に揉《も》まれ揉《も》まれ苦労してきた人の持つ、落ちつきと初々しさと自然さは、特殊な世界のことでなく、すべてに通じる普遍的なものを我々に示してくれた。若いといっても歴戦の強者《つわもの》なのである。

もう一人の自分が見ている

「テニスをしている時、プレーする自分と、それを見るもう一人の自分がいる。大会で真剣に動く自分の姿を、もう一人の自分が捉えている。観客の様に見ているんです」と彼女は言う。……もう一人の自分の目。それは、演劇の世界でも、我々アナウンサーの世界でも同じことが言えるのである。

朗読ひとつをとっても、「声が高すぎないか。低すぎないか。強すぎないか。弱くはないか。表現が不自然ではないか。いやらしくはないか。息づかいはたっぷりしているか。間《ま》はとれているか。この切り方では内容が伝わらないのではないか等々……」もう一人の自分が、少し離れた所から聞き耳をたてているのである。

もう一人の自分の目は、狭い意味のチェックの目ではない。削って小さくするための目でもない。形を整えたり、粗削《あらけず》りの面白さを半減させるものでもない。全体の中の自分の在り方。相手にとっての自分の様子。好《よ》いところも悪いところも、引いてみれば手にとる様に判るはず。今何をすればよいか。その上で判断していく「ゆとり」の様なものかもしれない。

あるがままを捉える自分のもう一つの目。それがあれば、怖いものはない様な気がする。過ぎれば削り、足りなければ増やし、失敗すれば修復し、それがたとえ出来なくとも、自らを説得する方法を探し、自分自身で補《おぎな》いもり立て、成功すれば喜びもほどほどに、すぐ原点に戻る用意をする。思い通りの結果が得られなくとも、その場をその道をその人生を、縦横に心豊かに楽しみ味わってしまう強さ。……もう一つの目を持つゆとりの心。

平木理化さんのテニスは、何だかそれを伝えている様な気がしてならなかった。「私はいつも、試合を楽しんでいる。特に今回の試合は心から楽しんで出来たのです」と。

今、子どもたちは、もう一人の自分を持つゆとりがあるのだろうか。善きにつけ悪しきにつけ、考える隙間もないほど、様々な情報に囲まれ、寂しさの中で鍛《きた》えられる機会も乏しく、一人になる強さも通りすぎてしまい、大勢の中の孤独に陥る様なことはないだろうか。かつての少年たちが持っていた清々《すがすが》しくも堂々たる品格は何故かあまり見られず、瀟洒《しょうしゃ》な雰囲気、軽妙だけれど何だか線の細い少年少女が多い様な気がするのは私だけの見方であろうか。学校でも家でも辛《つら》く寂しい子が多いのではないかと思うのは考えすぎかもしれないが、簡単に、いえ苦しみの果てに命を絶つ子どもも少なくはない。

……苦しみから逃れようと弱い心になった時、もう一人の自分が、「そうでもないよ。もう少し辛抱してみようよ。もしかしたら……いいことも……」という声を出せれば、どうなのだろうか。いじめる側も、もう一人の自分が見て、「お前がそうなったらどうするんだ」と囁《ささや》いたら、どうなるのだろうか。それだけで解決できるはずはないが、ワンクッションあるゆとりの心が何かを救える様な気がする。ゆとりというやさしくも難しい三文字を、今我々は、つきつけられているのではないだろうか。

努力できることも才能の一つ

天才、三兄弟妹

バイオリニスト千住真理子さん。才色兼備の真理子さんは多くの人々に親しまれる日本を代表する音楽家。小学五年の時「全日本学生音楽コンクール」で優勝、中学時代には新人の登竜門として名高い「毎日音楽コンクール」に最年少で優勝、天才少女と言われ、早くからその名は知られていた。

真理子さんがバイオリンを習い始めたのは、二歳三カ月。兄たちの稽古について行くうちに自然に興味を持ちだしたという。

・長兄博さんはピアノ。負けたくないと、次兄明さんはバイオリンを選んでいた。「やはり早くから天才教育？」と我々は簡単に想像してしまうのだが、千住家は音楽一家でも芸術家の家系でもない。

現在、千住明さんはポップスから純音楽まで幅広い世界を持つ作曲家。千住博さんは国際的に活躍する日本画家。先日私の担当する番組『人生いきいき』で真理子さんと明さんにお会いすることが出来た。博さんは映像出演してくださった。

ハンサムで行動的な博さん。やんちゃ風なのに慎重派でもある明さん。爽やかで堂々たる真理子さん。お互いを思いやる様子は、天才三兄弟妹《きょうだい》というより、珍しいほど仲の良いごく普通の兄弟妹という方が相応《ふさわ》しい。それぞれの世界を築くことが出来た故のゆとりであろうか。小さい頃はどうであったのだろうか。

天からの才能は素晴らしいけれど、その分苦しい筈《はず》である。しかもそれぞれ二歳違いの近い年齢。妹が先に世に出た焦りが無かったとは言えないのではないかなど、浅はかな常識人の私は、その心を想像するだけでも息苦しくなる。

焦るのではなく、諦めるのでもなく

明さんに伺えば、めきめきと腕をあげ、早くから世に認められた妹を喜びながらも、「自分のバイオリン」と考えていたので、恋人を取られた様な気持ちだったという。だから中学高校時代は、ジャズにのめり込み、幾つものバンドを掛け持ちするほどの生活。しかも大学は工学部。でも思い直し、芸大を受け直す決心をする。

バイオリンへの思いを断ち切り、受験に必要なピアノの練習を開始し、二十歳からでは遅すぎるといわれても諦めず、一日十時間以上ピアノに向かう。一年目、二年目は不合格。そして三年目、やっと思いを遂げる。

専門は作曲。大学院修了作品は芸大買い上げになるほどの実力を発揮するが、一方『ちびまる子ちゃん』『家なき子』『映像の20世紀』などテーマ音楽やCM『アサヒスーパードライ』『なっちゃん』等々の日常親しまれる作品も数多い。

「それは回り道したお陰。更に、幼いながら、挫《くじ》けず乗り越えてきた妹の姿が励みになった」と言う。

順風満帆にみえる妹の真理子さんも二十歳のとき、バイオリンを止《や》めようと苦しみ二年間手にしなかった時期があった。しかし「大ステージでなくて良い。聞いてくれる人が一人でもいたら、その人の為に弾こう」と再出発を決心した。悩んでいる間、兄の一途な頑張りを見て鼓舞されたという。

聞けば、長兄博さんも、大学の進路を決める時、日本画家になりたいと突然申し出て両親を驚愕させ、現役では無理だから三十歳まで頑張れという言葉に発奮し、三年目に独学で芸大に合格。その後の活躍は言うまでもない。

焦るのではなく、諦めるのではなく、互いの頑張りを自らの励みにして仲良く歩いてきた三兄弟妹。

天からの才能も色々ある。「自らの思いをどこまで育てていけるかどうか、頑張れるかどうか」も才能のひとつかもしれない。

「努力したけれど駄目だった」というのはたぶん努力しきれていないのだと思う。「どこまで努力できるかが才能」と言ってみたい。

もしかしたらその才能なら、我々も持っていそうな気がするからである。

ボランティアは生き方

アナウンサーというより一人の母親、人間として

ＮＨＫに入局以来、報道、教養、教育、娯楽、等々様々な仕事をしてきたが、三十代前半と四十代後半合わせて八年近く『テレビ聾学校』と『明日の福祉』という福祉番組を担当した時期があった。

『テレビ聾学校』では耳に障害をもつ子どもたち、その親ごさん、先生方に出演していただき仲良く一緒に番組を作りながら、放送を通して全国の同じ境遇の人たちに様々なメッセージを伝えてきた。

約五年半、私自身アナウンサーというより、当時まだ若く子どもを産んだばかりの一人の母親、一人の人間として関わる中で、言葉のこと、家族のこと、教育や世の中のことなど、すべて根本的に考えることができた何よりも貴重な日々であった。

何をどう伝えるか……司会者として全力投球で役割を果たしながら、同時にそれ以上に「生きていく上での多くのメッセージ」を逆に受けた。長い間放送の仕事を一つひとつ地道に続けてこられたのもその時期があったからこそと、いつも有り難く思い出す。

特別なことではなく、暮らしの中で

その後何年もたち四十代後半の二年間、『明日の福祉』という番組を担当した。それはまた私にとって宝の時間となった。人間様々な制約があるが、障害をもつという制約の中に暮らしている人々といくつもの出会いを重ねるうち、人生後半をどう過ごせばいいか……迷っていた私の心に「生き方の鍵」になる様なメッセージが次々聞こえてきた。

番組を通して、放送人として福祉に関わりながら、いつも感じてきたのは一方通行でなく、必ずそれより大きなものが返ってくる実感であった。

恋でも好意でも何の場合でも、一方通行はやはり寂しいもの。双方向こそ人間として一番嬉《うれ》しく自然な形なのだと思う。そしてそれはたとえ目には見えなくとも、探す気持ちがありさえすれば、必ず手に余るほどの宝物が行き交う状況を生み出してくれるのだ。

福祉行政の充実は言わずもがなだが、福祉という言葉はもともと「一人ひとりが人間として幸福であること」という意味。重苦しい言葉ではなく、やさしい言葉のはずである。

ある雑誌で永六輔さんがボランティアについてこう語っていた。「ボランティアというのは〝生き方〟なんです。〝ある時期やっていた〟〝そろそろ始める〟という様なものでなく生き方の問題なのです」、そして「特別なことでなく暮らしの中で人々がみんなちょっとずつ気を使い合うということです……」と。福祉と重ねて私は、その言葉の内容を噛みしめている。

大いなるものに身を任せて

人気の秘密

瀬戸内寂聴さんが、約十年かけて取り組んだ『源氏物語』の現代語訳は原作に忠実であり魅力的で分かり易いため、いっきに人々の心を捉え大ベストセラーとなっている。岩手県の古刹《こさつ》「天台寺」の権僧正《ごんのそうじょう》（平成十七年に引退）でもある寂聴さん。その説法は聞く人の心を捉え、全国津々浦々《つつうらうら》から、老若男女がお寺に殺到し、境内は人の波に埋まってしまうほどの人気である。

作家として、僧侶として、絶え間ない仕事をしながら、他に、湾岸戦争の際の抗議、エイズウィルス訴訟支援など、常に、目の前で今起きている問題に向かっても、自らの力を尽くすことを惜しまない。その気迫と迫力に、何かを越えた優しさと強さを多くの人は感じるに違いない。

私も、多くの番組で何度もご一緒したが、寂聴さんの側《そば》にいると、波動を感じ、安心したり、ときめいたり、嬉しくなる。更に、第十三回ダイヤモンドレディ賞を共に頂くことにもなり、若輩としてそれは恐れ多いことであったが、無心に喜び喜んでくださったお顔が忘れられない。しかし、身の程越えた晴れがましさを妙に意識しすぎる小心者の私は、無様《ぶざま》な処し方しかできないのが哀しい。うれしく有難いのに何故かおおらかにできない自分が恥ずかしい。

某雑誌に書かれた寂聴さんの言葉……「今年は一月からNHK放送文化賞という晴れがましい賞をいただきまして、今年は春から縁起がいいやと喜んでおりましたら、ほんとに何もかも、とんとんといいことずくめで、年の締めくくりに、またもや『ダイヤモンドレディ賞』なるものを頂戴いたしましたのよ。……ちなみに今年の受賞者は加賀美幸子さん、それに宝船熊手職人の吉田啓子さんに、わたくしという三人です。……これでまた、来年も福々しい年となりましょう」。

寂聴さんの自然流な喜び方は清々《すがすが》しく美しい。どこにも「自分」への拘わりがない。何に対しても拘わりがない。すべてあるがまま。喜びも怒りも悲しみも。僭越《せんえつ》な言い方ではあるが、てらわず、格好つけない。そのまま。

我に縛られず、魂に自由に生きること

嬉しければ全身で喜び、理不尽なことへは怒りで行動することを厭《いと》わない。……家出、離婚、作家活動、そして名声をほしいままにし、願いの多くを手にしたとき、たまらなく虚しくなったという。五十一歳で出家。「何故出家したか、いまだに分からない。自分の意志というより、何か大いなるものに捕らえられての出家。大いなるものに身を任せ、委《ゆだ》ねているのだから、老いも死も怖くない。人の毀誉《きよ》褒貶《ほうへん》も気にならない。今は全《まった》き自由の日々」と仰る。

『源氏物語』の全訳は想像を絶する様な大仕事。何年かの準備期間の後、書き始めたのは七十歳になってからである。「書くというより、書かされている。生かされている。自我に縛られないで魂に自由に生きること。自分だけに頼らず、自分を信じすぎず」、何か大いなるものに身を任せることの全き自由の中に今いらっしゃるのである。

瀬戸内さんらしいこんな言葉も素敵だ。「禁欲すると、生命力が強くなる。集中力も増す。仕事もプラスに働く」。何かが漲《みなぎ》るあの丸く、可愛らしいお顔が笑う。……仕事で何度もお会いしているが、近しくもあり近寄り難くもある寂聴さんである。

風のある人

一番大事なのは品、品格

『癌《がん》め』という句集を放《はな》って、一九九七年の夏この世を去った江國滋さん。作家、随筆家、俳人、画家……色々な世界をお持ちだったが、ひと筋、文章家として言葉の道に拘泥《こだわ》ったその飄々《ひょうひょう》たる姿が焼きついて離れない。

清冽《せいれつ》で、味わい深いユーモア溢れる作品と人柄。自らの癌を迎え、見つめ、「今こそ良きチャンス」と俳句に挑《いど》み、「癌よ酒を酌み交わそうか」と友だちの様に癌と肩を組んだり、「食道癌は癌の中の癌なんです」とユーモアを含んだ独得の語り口で人を引き込んだり……。癌と向き合って生み出した句集は我々を捉えて放さない。

江國さんとは、私が長く担当していた『NHK・BS吟行俳句会』という生中継の番組を通して幾度もお会いした。

その生き方から多くのメッセージがいつも漂っていたが、中でも忘れられず折に触れて思い出すのは「文章でも、話でも、落語や漫才でも、喧嘩でも、商売でも、何でも一番大事なのは品があるかどうかですね」という言葉である。

勿論「上品」などという狭い意味ではない。品、品格、風格。人間としての値打ちが正《まさ》にそこには潜《ひそ》んでいる様な気がする。大げさな重々しいものではない。言わずもがな、的確な技術や方法でも、才能でも、健康でも、当然お金でもなく、人を惹きつけ、魅力を感じさせ、存在感を漂わせる人がいる。同じ様にしていても、何かが風の様に漂ってくる人がいる。風のない人もいる。風……「風」が一つのキーワードかもしれない。

見えないところに鍵は潜んでいる

組織の中で仕事をしているとよく判る。「自分はこんなに努力をし、力もある筈なのに」と、周りの認識不足に腹をたて、こぼしたりするケースも少なくはない。

でも何かが教えてくれる。……「実は見えない所にすべての鍵は潜んでいる」と。

「風」は見えないけれど、その分よけい肌や心に敏感に感じるものである。そして周りの人を自然に動かすものではないだろうか。

どんな「風」を持っているか、どんな魅力を持っているか。どんな生き方の哲学を持っているか。

「風」には直接的な「風にあたる」という字義の他に、伝わる、はなれる、おもむき、ようす、品格、いきおい、告げる、などという意味もある様だ。風雲、風化、風雅、風評、風味、風流、風貌、風情《ふぜい》……などという言葉も心惹かれる。

飄々と生きた江國さん。飄々という風情の中には「風」がある。死を前にして、癌と肩を組み、自らを見つめることで、生ききった江國滋さん。「癌め」という言葉には、叫びや悲しみや怒りでなく、優しさと品格が感じられて言葉に託した生き方がそのまま見え、人の心をいつまでも動かすのである。

あとがき

言葉には人を動かす力がある。多くの人々との出会いの中から、又、人だけでなく世の中に存在する様々な事や物から、生き方、在り方へのメッセージを聞き取りながら、読み取りながら、人生の旅、仕事の旅を続けてきた。

人の言葉を聴き、内容や心を読み取ることは、適切な話し方にも繋がり、コミュニケーションに何より大事なことだが、同時に、自分だけでは経験しきれない「人間どう生きればよいか」の鍵を忍ばせているので、「ああ私の方法でも良かったんだ」と安心したり、「そうであったか」と突き動かされたり、とにかく、言葉探し、メッセージ探しの旅は日々限りなく楽しい。

今回、今まで様々な雑誌に書いた拙文を海竜社が再編成して下さったのだが、テーマや書いた時期が違っていても、どれもどれも、私が心から動かされた言葉の力について綴《つづ》り続けていたことに改めて気付かされた。その意味を汲《く》んで下さり、すぐに「こころを動かす言葉」というタイトルを提示して下さった海竜社の社長下村のぶ子さん、仲田てい子さんに、心からの御礼を申し上げたい。

二〇〇〇年　弥生　吉日

加賀美　幸子

文庫版あとがき

言葉は、心と内容を載せて、人に伝えるものであり、又、自らに語りかけ、物事を考える道具でもあります。そして何より、多くの様々な言葉を通して周りの人々の心と内容を聞き取り、読み取る、かけがえの無いものでもあります。

音声表現と文字表現だけでなく、身体全てが言葉を発しています。更に世の中に存在する全ての事や物には大事な言葉が潜みます。それらの言葉たちにどう向き合い、言葉をどう聞き取るか……。言葉を生業《なりわい》として長い旅をしてきました。

言葉を探って行くと、生き方のメッセージが聞こえてきて心動かされます。仕事でも恋愛でも、何事も、心を動かされなければ、成就しないことは明らかです。

『こころを動かす言葉』が文庫になるにあたって、幻冬舎の大島加奈子さんに大変お世話になりました。拙著の中の言葉たちがどんなに喜んでいるか、……新たに文庫の旅が始まります。この言葉たちの中には、高校の国語の教科書に取り上げて頂いた「石の声が聞こえる」

という章もあります。（「メッセージの根源にあるもの」も新たに教科書に。）耳を澄ますと聞こえてくる「心動かされる言葉たち」……言葉の旅は限りなく続きます。

感謝をこめて。

加賀美　幸子

二〇〇六年　初夏　吉日

この作品は二〇〇〇年三月海竜社より刊行されたものです。

こころを動《うご》かす言葉《ことば》

加賀美幸子《かがみさちこ》

平成18年6月10日　初版発行
平成30年10月5日　5版発行

発行人――石原正康
編集人――菊地朱雅子
発行所――株式会社幻冬舎
〒151-0051東京都渋谷区千駄ヶ谷4-9-7
電話　03(5411)6222(営業)
　　　03(5411)6211(編集)
振替00120-8-767643
印刷・製本―株式会社 光邦
装丁者――高橋雅之

幻冬舎文庫

ISBN4-344-40797-0　C0195　か-18-1

幻冬舎ホームページアドレス　http://www.gentosha.co.jp/
この本に関するご意見・ご感想をメールでお寄せいただく場合は、
comment@gentosha.co.jpまで。